SHENMI
DE TAIKONG
SHIJIE CONGSHU

神秘的太空世界

神奇的宇宙空间探测器

刘芳 主编

时代出版传媒股份有限公司
安徽文艺出版社

图书在版编目（ＣＩＰ）数据

神奇的宇宙空间探测器 / 刘芳主编. — 合肥：安
徽文艺出版社，2012.2（2024.1重印）

（时代馆书系·神秘的太空世界丛书）

ISBN 978-7-5396-3998-7

Ⅰ．①神… Ⅱ．①刘… Ⅲ．①航天探测器－青年读物
②航天探测器－少年读物 Ⅳ．①V476-49

中国版本图书馆 CIP 数据核字 (2011) 第 247288 号

神奇的宇宙空间探测器

SHENQI DE YUZHOU KONGJIAN TANCEQI

出 版 人：朱寒冬

责任编辑：宋潇婧　　　　　　　装帧设计：三棵树　文艺

出版发行：安徽文艺出版社　www.awpub.com

地　　址：合肥市翡翠路 1118 号　　邮政编码：230071

营 销 部：(0551)3533889

印　　制：唐山富达印务有限公司　电话：(022)69381830

开本：700×1000　1/16　印张：11　字数：168 千字

版次：2012 年 2 月第 1 版

印次：2024 年 1 月第 5 次印刷

定价：48.00 元

前　言
PREFACE

　　浩瀚的宇宙，璀璨的群星悬挂在天穹之上，从古至今诱惑着人类，激发着人类的好奇和求知欲。水星真的是浩渺的大洋世界吗？金星真的是黄澄澄的金子构成的吗？月亮上真的有美女嫦娥、温顺的玉兔、冰冷彻骨的广寒宫吗？

　　星光点点的天幕下、光阴如梭的时间在流淌着，朝代更替、四季轮转都不能泯灭人类对宇宙的探索。长着翅膀的飞天、天使是人类最初对飞升到宇宙的憧憬，而将自己绑缚在火箭上的万户和意图乘着发射的炮弹奔向月亮的先驱，他们是人类无所畏惧的勇敢者、探索者。就这样希冀幻想、编织梦想，人类将对宇宙的渴望、星空的探索化为美丽又残酷的故事流传下来。直到火箭、宇宙飞船、空间探测器等现代航天器的出现，这些美丽故事背后生长了数千年的欲望才变成了现实。

　　月球、水星、火星、金星、哈雷彗星这一个个只在梦想中与人类有过亲密接触的星球，如今都留有人类足迹或被近距离地探索过。而将人类的视线如此近地带到这些星球和星空的就是宇宙空间探测器。在茫茫的星空中，在深邃遥远的宇宙中，仍有肩负着人类使命的探测器在工作、在向新的宇宙空间行进。

Contents
目　录

空间探测器

KONGJIAN TANCEQI

星河灿烂，深空路遥。当第一颗人造卫星进入地球轨道飞行之后不久，人类向地外星球进军就提上了日程。现在，人类制造的宇宙探测器不仅为人类登上月球开辟了道路，而且已经遍访了太阳系的各大行星，同时正在向太阳系外更遥远的星球跋涉。

人类对深空的探索和研究，具有重要的科学价值和社会影响。首先是利用航天技术的优势，更加全面地了解和认识日地空间环境，例如考察高空辐射带、宇宙射线、太阳风等对地球上生态的影响；其次，开发太阳系资源，在月球、火星上建立永久性空间基地，甚至为向这些地外星球移民创造条件；再次，通过对各大行星形成的研究，考察地球形成的历史，探索生命的起源，同时发现更多的新天体，揭开宇宙演化的奥秘，寻觅宇宙人的踪迹等。第一个月球探测器进入太空30多年以来，人类已经有计划、有步骤地对太阳系各个天体进行了广泛考察，获得了极其丰富和宝贵的资料，加深了人们对太阳系空间的认识，甚至改变了过去长期建立起来的旧观念，并为进一步征服太阳系创造了条件。

人类对宇宙的认识

"盖天说"

资料显示，"盖天说"是我国古代最早的宇宙结构学说。该学说认为，天是圆形的，像一把张开的大伞覆盖在地上；而地是方形的，酷似一个棋盘，日月星辰则像爬虫一样过往天空。所以，该学说又被称为"天圆地方说"。

虽然"天圆地方说"符合当时人们粗浅的观察常识，但实际上却很难自圆其说。比如方形的地和圆形的天怎样连接起来，就是一个问题。于是，天圆地方说又修改为：天并不与地相接，而是像一把大伞高悬在大地上空，中间有绳子缚住它的枢纽，四周还有8根柱子支撑着。但是，这8根柱子撑在什么地方呢，天盖的伞柄插在哪里，扯着大帐篷的绳子又拴在哪里？这些也都是天圆地方说无法回答的。

到了战国末期，新的盖天说诞生了。新盖天说认为，天像覆盖着的斗笠，地像覆盖着的盘子，天和地并不相交，天地之间相距8万里。盘子的最高点便是北极。太阳围绕北极旋转，太阳落下并不是落到地下面，而是到了我们看不见的地方，就像一个人举着火把跑远了，我们就看不到了一样。新盖天说不仅在认识上比天圆地方说前进了一大步，而且对古代数学和天文学的发展产生了重要的影响。

在新盖天说中，有一套很有趣的天高地远的数字和一张说明太阳运行规律的示意图——七衡六间图。古代许多圭表都是高8尺，这和新盖天说中的天地相距8万里有直接关系。盖天说是一种原始的宇宙认识论，它对许多宇宙现象不能作出正确的解释，同时本身又存在许多漏洞。到了唐代，天文学家一行等人通过精确的测量，彻底否定了盖天说中"日影千里差一寸"的说法后，盖天说从此便破产了。

"浑天说"

日月星辰东升西落，它们从哪里来，又到哪里去呢？日月在东升以前和西落以后究竟停留在什么地方？这些问题一直使古人困惑不解。直到东汉时，著名的天文学家张衡提出了完整的"浑天说"思想，才使人们对这个问题的认识前进了一大步。

该学说认为，天和地的关系就像鸡蛋中蛋白和蛋黄的关系一样，地被天包在当中。浑天说中天的形状，不像盖天说所说的那样是半球形的，而是一个南北短、东西长的椭圆球。大地也是一个球，这个球浮在水上，回旋漂荡；后来又有人认为地球是浮于气上的。不管怎么说，浑天说包含着朴素的"地动说"的萌芽。

事实上，用浑天说来说明日月星辰的运行出没是相当简洁而自然的。浑天说认为，日月星辰都附着在天球上，白天，太阳升到我们面对的这边来，星星落到地球的背面去；到了夜晚，太阳落到地球的背面去，星星升上来。如此周而复始，便有了星辰日月的出没。

浑天说把地球当做宇宙的中心，这一点与盛行于欧洲古代的"地心说"不谋而合。不过，浑天说虽然认为日月星辰都附在一个坚固的天球上，但并不认为天球之外就一无所有了，而只是说那里是未知的世界。这是浑天说比地心说高明的地方。

浑天说提出后，并未能立即取代盖天说，而是两家各执一端、争论不休。但是，在宇宙结构的认识上，浑天说显然要比盖天说进步得多，能更好地解释许多天象。

另一方面，浑天说手中有两大法宝：一是当时最先进的观天仪——浑仪，借助于它，浑天家可以用精确的观测事实来论证浑天说。在中国古代，依据这些观测事实而制定的历法具有相当的精度，这是盖天说所无法比拟的。另一大法宝就是浑象，利用它可以形象地演示天体的运行，使人们不得不折服于浑天说的卓越思想。因此，浑天说逐渐取得了优势地位。到了唐代，一行等人通过大地测量彻底否定了盖天说，使浑天说在中国古代天文领域称雄了上千年。

"宣夜说"

资料显示，宣夜说是我国历史上最有卓见的宇宙无限论思想。它最早出现于战国时期，到汉代则已明确提出。"宣夜"是说天文学家们观测星辰常常喧闹到半夜还不睡觉。据此推想，宣夜说是天文学家们在对星辰日月的辛勤观察中得出的。

不论是中国古代的盖天说、浑天说，还是西方古代的地心说，乃至哥白尼的日心说，无不把天看做一个坚硬的球壳，星星都固定在这个球壳上。宣夜说否定这种看法，认为宇宙是无限的，宇宙中充满着气体，所有天体都在气体中漂浮运动。星辰日月的运动规律是由它们各自的特性所决定的，绝没有坚硬的天球或是什么本轮、均轮来束缚它们。宣夜说打破了固体天球的观念，这在古代众多的宇宙学说中是非常难得的。这种宇宙无限的思想出现于2000多年前，是非常可贵的。

除此之外，宣夜说创造了天体漂浮于气体中的理论，并且在它的进一步发展中认为连天体自身，包括遥远的恒星和银河都是由气体组成的。这种十分令人惊异的思想，竟和现代天文学的许多结论不谋而合。

宣夜说不仅认为宇宙在空间是无边无际的，而且还进一步提出宇宙在时间上也是无始无终的、彻底的、无限的思想。它在人类认识史上写下了光辉的一页。可惜宣夜说的卓越思想在中国古代没有受到重视，几至于失传。

"地心说"

地心说是长期盛行于古代欧洲的宇宙学说。它最初由古希腊哲学家亚里士多德提出，后来经天文学家托勒密进一步发展而逐渐建立和完善起来。

托勒密认为，地球处于宇宙中心静止不动。从地球向外，依次有月球、水星、金星、太阳、火星、木星和土星，在各自的圆轨道上绕地球运转，其中行星的运动要比太阳、月球复杂些：行星在本轮上运动，而本轮又沿均轮绕地运行。在太阳、月球、行星之外，是镶嵌着所有恒星的天球——恒星天。再外面，是推动天体运动的原动天。

地心说是世界上第一个行星体系模型。尽管它把地球当做宇宙中心是错误的，然而它的历史功绩不应抹杀。地心说承认地球是"球形"的，并把行星从恒星中区别出来，着眼于探索和揭示行星的运动规律，这标志着人类对宇宙认识的一大进步。地心说最重要的成就是运用数学计算行星的运行，托勒密还第一次提出"运行轨道"的概念，设计了一个本轮——均轮模型。按照这个模型，人们能够对行星的运动进行定量计算，推测行星所在的位置，这是一个了不起的创造。在一定时期里，依据这个模型可以在一定程度上正确地预测天象，因而在生产实践中也起过一定的作用。

中世纪后期，随着观测仪器的不断改进，行星位置和运动的测量越来越精确，观测到的行星实际位置同这个模型的计算结果的偏差，就逐渐显露出来了。

但是，信奉地心说的人们并没有认识到这是由于地心说本身的错误造成的，却用增加本轮的办法来补救地心说。起初这种办法还能勉强应付，后来小本轮增加到80多个，但仍不能满意地计算出行星的准确位置。这不能不使人怀疑地心说的正确性了。到了15世纪，哥白尼在持日心地动观的古希腊先辈和同时代学者的基础上，终于创立了"日心说"。从此，地心说便逐渐被淘汰了。

"日心说"

1543年，波兰天文学家哥白尼在临终时发表了一部具有历史意义的著作——《天体运行论》，完整地提出了"日心说"理论。在这个理论体系中，太阳是行星系统的中心，一切行星都绕太阳旋转。地球也是一颗行星，它一面像陀螺一样自转，一面又和其他行星一样围绕太阳转动。

日心说把宇宙的中心从地球挪向太阳，这看上去似乎很简单，实际上却是一项非凡的创举。哥白尼依据大量精确的观测材料，运用当时正在发展中的三角学的成就，分析了行星、太阳、地球之间的关系，计算了行星轨道的相对大小和倾角等，"安排"出一个比较和谐而有秩序的太阳系。这比起已经加到80余个圈的地心说，不仅在结构上优美和谐得多，而且计算简单。更重要的是，哥白尼的计算与实际观测资料能更好地吻合。因此，日心说最终代替了地心说。

在中世纪的欧洲，托勒密的地心说一直占有统治地位。因为地心说符合神权统治理论的需要，它与基督教会所渲染的"上帝创造了人，并把人置于宇宙中心"的说法不谋而合。如果有谁怀疑地心说，那就是亵渎神灵、大逆不道，要受到严厉制裁。日心说把地球从宇宙中心驱逐出去，显然违背了基督教义，为教会势力所不容。为了捍卫这一学说，不少仁人志士与黑暗的神权统治势力进行了前仆后继的斗争，付出了血的代价。意大利思想家布鲁诺，为了维护日心说，最终被教会用火活活烧死；意大利科学家伽利略，也因为支持日心说而被宗教法庭判处终身监禁；开普勒、牛顿等自然科学家，都为这场斗争作出过重要贡献。

"大爆炸说"

1929 年，天文学家哈勃公布了一个震惊科学界的发现，这个发现在很大程度上导致这样的结论：所有的河外星系都在离我们远去，即宇宙在高速地膨胀着。这一发现促使一些天文学家想到：既然宇宙在膨胀，那么就可能有一个膨胀的起点。天文学家勒梅特认为，现在的宇宙是由一个"原始原子"爆炸而成的。这是大爆炸说的前身。俄裔美国天文学家伽莫夫接受并发展了勒梅特的思想，于 1948 年正式提出了宇宙起源的大爆炸学说。

伽莫夫认为，宇宙最初是一个温度极高、密度极大的由最基本粒子组成的"原始火球"。根据现代物理学，这个火球必定迅速膨胀，它的演化过程好像一次巨大的爆发。由于迅速膨胀，宇宙密度和温度不断降低，在这个过程中形成了一些化学元素（原子核），然后形成由原子、分子构成的气体物质。气体物质又逐渐凝聚成星云，最后从星云中逐渐产生各种天体，成为现在的宇宙。

这种学说一般人听起来非常离奇，不可思议。在科学界，也由于这个学说缺乏有力的观测证据，因而在它刚刚问世时，并未予以普遍的响应。

到了 1965 年，宇宙背景辐射的发现使大爆炸说重见天日。原来，大爆炸说曾预言宇宙中还应该到处存在着"原始火球"的"余热"，这种余热应表现为一种四面八方都有的背景辐射。特别令人惊奇的是，伽莫夫预言的"余热"温度竟恰好与宇宙背景辐射的温度相当。另一方面，由于有关的天文学基本数据已被改进，因此根据这个数据推算出来的宇宙膨胀年龄，已从原来的 50 亿年增到 100～200 亿年，这个年龄与天体演化研究中所发现的最老的天体年龄是吻合的。由于大爆炸说比其他宇宙学说能够更多、更好地解释宇宙观测事实，因此愈来愈显示出它的生命力。

目前，大多数天文学家都接受了大爆炸说的基本思想，不少过去不能解释的问题正在逐步解决，它是最有影响、最有希望的一种宇宙学说。

"星云说"

太阳系究竟是怎样产生的，这个问题直到现在仍然没有令人完全满意的答案。长期以来，人们为了解决这个问题，曾经提出过许多学说。其中，"星云说"是提出最早，也是在当代天文学上最受重视的一种学说。

最初的星云说是在 18 世纪下半叶由德国哲学家康德和法国天文学家拉普拉斯提出来的。由于他们的学说在内容上大同小异，因而人们一般称之为康德—拉普拉斯星云说。他们认为：太阳系是由一块星云收缩形成的，先形成的是太阳，然后剩余的星云物质进一步收缩演化形成行星。

星云说出现以前，人们把天体的运动变化看做是上帝发动起来的，称之为"第一次推动"。康德—拉普拉斯的星云说，用自然界本身演化的规律性来说明行星运动的一些性质，无疑对这种荒谬的观点是一个有力的打击，也为天文学的发展建立了不朽的功勋。

不过，康德—拉普拉斯星云说只是初步地说明了太阳系的起源问题，还有许多观测事实却难以用它来解释。所以，星云说在很长时间里陷入了窘境。直到本世纪，随着现代天文学和物理学的进展，特别是近几十年里恒星演化理论的日趋成熟，星云说又焕发出了新的活力。

现代观测事实证明，恒星是由星云形成的。太阳系的形成在宇宙中并不是一个独特的偶然的现象，而是普遍的必然的结果。另外，关于太阳系的许多新发现也有力地支持了星云说。

在这样的背景下，现代星云说逐渐完善起来了。当然，星云具体是怎样演化的，这一点还有不少分歧的意见。有一种观点认为：形成太阳系的是银河系里的一团密度较大的星云，这块星云绕银河系的中心旋转着，当它通过旋臂时受到压缩，密度增大，达到一定密度时，就在自身引力的作用下逐渐收缩。收缩过程中，一方面使星云中央部分内部增温，最后形成原始太阳，当原始太阳中心温度达到 700 万摄氏度时，氢聚变为氦的热核反应点火，于是，现代太阳便真正诞生了。另一方面，由于星云体积缩小，因而自转加快，离心力增大，逐渐在赤道面附近形成一个星云盘。星云盘上的物质在凝聚和吞并过程中，最后演化为行星和其他小天体。总之，现在人们已能用星云说比较详细地描述太阳系的起源过程，但还有很多具体问题未能很好解决，还有待完善和充实。

知识点

宇宙速度

宇宙速度是指物体达到 11.2 千米/秒的运动速度时能摆脱地球引力束缚的一种速度。在摆脱地球束缚的过程中，在地球引力的作用下它并不是直线飞离地球，而是按抛物线飞行。脱离地球引力后在太阳引力作用下绕太阳运行。若要摆脱太阳引力的束缚飞出太阳系，物体的运动速度必须达到 16.7 千米/秒。那时将按双曲线轨迹飞离地球，而相对太阳来说它将沿抛物线飞离太阳。

神秘的宇宙探测器

探测器

我们居住的地球，只是太阳系的一颗小行星。太阳系所在的银河系中，有 1000 多亿颗太阳这样的恒星，而它们的行星就更是不计其数了。地球的直径只有约 12756 千米，而太阳系的空间范围比地球要大 100 万倍以上，大约为 0.13 光年。可太阳系所在的银河系的直径达 10 万光年。因此，科学家推测，在浩瀚的宇宙中，除地球之外，还会有存在智慧生物的星球。于是，自古以来就有"天外来客"的传闻，甚至不断有人称发现"外星人"造访过地球的踪迹。

在地球以外的星球上是否存在智慧生命？开初，人类派出了"先驱者

10"号、"先驱者 11"号和"旅行者 1"号、"旅行者 2"号两对特使，到茫茫宇宙去寻觅知音。它们在太阳系周游之后，没有发现有生命存在的迹象，将飞出太阳系去访问"外星人"或"宇宙人"。这两对探测器已经在太阳系内漫游了 15～20 年，现在差不多都飞到了太阳系的边缘。它们将担负起寻访地外文明和传递人类信息的使命。

美国 1972 年和 1973 年先后发射的"先驱者 10"号和"先驱者 11"号探测器，带有一封访问地外文明的"介绍信"。它是设计新颖别致的一块镀金铝质金属牌，上面镌刻着表示人的形象的一男一女，以及标明太阳系及其地球位置的图像。图的上部为氢原子符号；右部为一对男女裸体人像，人像背

探测器

后是按比例绘制的航天器外形，表明人体的大小；下部是太阳及其 9 大行星组成的太阳系，箭头表示航天器从地球出发及其航行的途径；左部的一个星状符号绘出了地球相对于 14 个脉冲星的位置关系。这是一张通往太空的名片，能在宇宙中保留几万年之久。

在此 5 年之后的"旅行者 1"号和"旅行者 2"号探测器，则带有一套"地球之声"唱片，作为人类送给外星人的第一份礼物。这套唱片由镀金的铜板制成，直径 30 厘米，可放音 120 分钟。它首先向太空宣告："这是来自一个遥远的小小星球的礼物，它代表了我们的声音、科学、形象、音乐、思想和感情。我们正在努力，相信将来有朝一日将会解决面临的问题，参加到我们的希望，决心和对遥远世界的良好祝愿！"这套唱片的主要内容分为 4 个部分：第一部分是用图像编码录制的 115 幅照片和图表，介绍了太阳系的概况及其在银河系中的位置、地球的面貌、人类的科学技术发展及社会状况等，其中包括中国长城的照片和中国人家宴画面；第二部分是用世界上 60 种语言说的问候语，其中包括中国的普通话、粤语、厦门话和江浙语；第三部分是

用声音介绍地球上的各种自然现象及发展历史，有风声、雨声、雷声，各种昆虫鸟兽鸣叫吼啸的声音，以及婴儿落地的呱呱啼哭声和火箭发射的巨大隆隆声；第四部分是音乐节目，有贝多芬、巴赫的名曲，有各国的民族乐曲，包括中国古乐"流水"等。

这套唱片装在一个密封的铝盒里，把人类的信息带出太阳系，进入茫茫太空去寻找自己的知音。人们期待它们能如愿以偿。

空间探测器是用于探测外太空的飞行器，属于无人驾驶的太空飞行器，探测器通常用于执行某一特定探测或调查的任务，较先进的太空探测器通常具有一定程度的人工智慧，以便于按实际情况来进行任务。

空间探测器离开地球时必须获得足够大的速度（见宇宙速度）才能克服或摆脱地球引力，实现深空飞行。探测器沿着与地球轨道和目标行星轨道都相切的日心椭圆轨道（双切轨道）运行，就可能与目标行星相遇，或者增大速度以改变飞行轨道，可以缩短飞抵目标行星的时间。例如，美国"旅行者2"号探测器的速度比双切轨道所要求的大 0.2 千米/秒，到达木星的时间缩短了将近1/4。

为了保证探测器沿双切轨道飞到与目标行星轨道相切处时目标行星恰好也运行到该处，必须选择在地球和目标行星处于某一特定相对位置的时刻发射探测器。例如飞往木星约需1000天的时间，木星探测器发射时木星应离会合点83°（相当于木星在轨道上走1000天的路程）。根据一定的相对位置要求，可以从天文年历中查到相应的日期，这个有利的发射日期一般每隔一两年才出现一次。探测器可以在绕飞行星时，利用行星引力场加速，实现连续绕飞多个行星（见行星探测器轨道）。

空间探测器是在人造地球卫星技术基础上发展起来的，但是与人造地球卫星比较，空间探测器在技术上有一些显著特点。

空间探测器飞离地球几十万到几亿千米，入轨时速度大小和方向稍有误差，到达目标行星时就会出现很大偏差。例如，火星探测器入轨时，速度误差 1 米/秒（大约是速度的万分之一），到达火星时距离偏差约 10 万千米，因此在漫长飞行中必须进行精确地控制和导航。飞向月球通常是靠地面测控网和空间探测器的轨道控制系统配合进行控制的（见航天器轨道控制）。行星际飞行距离遥远，无线电信号传输时间长，地面不能进行实时遥控，所以行星和行星际探测器的轨道控制系统应有自主导航能力（见星际航行导航和控制）。例如，美国"海盗"号探测器在空间飞行 8 亿多千米，历时 11 个月，进行了 2000 余次自主轨道调整，最后在火星表面实现软着陆，落点精度达到 50 千米。此外，为了保证轨道控制发动机工作姿态准确，通信天线始终对准地球，并使其他系统正常工作，探测器还具有自主姿态控制能力。

为了将大量的探测数据和图像传送给地面，必须解决低数据率极远距离的传输问题。解决方法是在探测器上采用数据压缩、抗干扰和相干接收等技术，还须尽量增大无线电发射机的发射功率和天线口径，并在地球上多处设置配有巨型抛物面天线的测控站或测量船。空间探测器上还装有计算机，以完成信息的存贮和处理。

太阳光的强度与到太阳距离的平方成反比，外行星远离太阳，那里的太阳光强度很弱，因此外行星探测器不能采用太阳电池电源而要使用空间核电源。

空间探测器承受十分严酷的空间环境条件，有的需要采用特殊防护结构。例如"太阳神"号探测器运行在近日点为 0.309 天文单位（约 4600 万千米）的日心轨道，所受的太阳辐射强度比人造地球卫星高一个数量级。有些空间探测器在月球或行星表面着陆或行走，需要一些特殊形式的结构，例如适用于在凹凸不平表面上行走的挠性轮等。

空间探测器的使命

星河灿烂，深空路遥。当第一颗人造卫星进入地球轨道飞行之后不久，人类向地外星球进军就提上了日程。现在，人类制造的宇宙探测器不仅为人类登上月球开辟了道路，而且已经遍访了太阳系的各大行星，同时正在向太阳系外更遥远的星球跋涉。

人类对深空的探索和研究，具有重要的科学价值和社会影响。首先是利用航天技术的优势，更加全面地了解和认识日地空间环境，例如考察高空辐射带、宇宙射线、太阳风等对地球上生态的影响；其次，开发太阳系资源，在月球、火星上建立永久性空间基地，甚至为向这些地外星球移民创造条件；

再次，通过对各大行星形成的研究，考察地球形成的历史，探索生命的起源，同时发现更多的新天体，揭开宇宙演化的奥秘，寻觅宇宙人的踪迹等等。第一个月球探测器进入太空多年以来，人类已经有计划、有步骤地对太阳系各个天体进行了广泛考察，获得了极其丰富和宝贵的资料，加深了人们对太阳系空间的认识，甚至改变了过去长期建立起来的旧观念，并为进一步征服太阳系创造了条件。

探测器

空间探测既包括对地球空间范围的探测，也包括对月球、行星和行星际空间进行探测。对地球以外的空间探测的主要目的是：研究月球和太阳系的起源和现状，通过对太阳系各大行星及其卫星的考察研究，进一步揭示地球环境的形成和演变情况；认识太阳系的演化，探寻生命的起源和演变历史，利用宇宙空间的特殊环境进行各种科学实验，直接为国民经济服务。

空间探测器装有科学探测仪器，执行空间探测任务。空间探测的主要方式有：（1）在近地空间轨道上进行远距离空间探测。（2）从月球或行星近旁飞过，进行近距离探测。（3）成为月球或行星的人造卫星，进行长期的反复观测。（4）在月球或行星及其卫星表面硬着陆，利用着陆之前的短暂时间进行探测。（5）在月球或行星及其卫星表面软着陆，进行实地考察，也可将获取的样品送回地球进行研究。（6）在深空飞行，进行长期考察。

空间探测的范围集中在地球环境、空间环境、天体物理、材料科学和生命科学等方面。自 1957 年 10 月 4 日第一颗人造卫星发射上天，到 2000 年全世界已发射了 100 多个空间探测器。它们对宇宙空间的探测取得了丰硕成果，所获得的知识超过了人类数千年所获知识总和的千百万倍。

1958 年 1 月 31 日美国发射成功第一颗卫星"探险者 1"号，它首次探测到地球周围存在一个高能电子、粒子聚集的辐射带，这就是著名的范·艾伦辐射带。1958 年末美国发射的"先驱者 3"号探测器，在飞离地球 10 万千米的地方又发现了第二条辐射带。这是利用人造卫星和空间探测器最初探测的典型成果。

从 1958 年开始，人类用人造卫星、宇宙飞船、空间站和航天飞机等作为探测手段，对近地空间的环境，如地球辐射带、地球磁层、太阳辐射、极光、宇宙射线等进行了探测。美国的"探险者"、"轨道地球物理观测站"、"轨道太阳观测站"系列，苏联的"宇宙"号、"预报"号、"质子"号系列中的一部分，中国的"实践"系列等，借助携带的科学仪器，测量了地球大气层、电离层、磁层的基本结构，测量了太阳光辐射谱、空间粒子成分、高能电子、高能质子和太阳磁场等参量及其变化，探测了各类现象之间的相互关系等。通过对空间环境的探测和研究，为各类航天器的发射和飞行，航天员较长时间在太空生活，并实现太空行走和其他太空活动，提供了重要数据和安全条件。

从 1959 年开始，人类已经跨过近地空间到月球以至月球以外的深空进行探测活动。各种空间探测器相继考察了月球，拜访了太阳系的水星、金星、火星、木星、土星、天王星、海王星以及哈雷彗星等。其中对月球的考察最详细，甚至派遣了航天员赴月球实地考察；对金星、火星不仅拍摄绘制了地形图，而且还多次发射无人探测器在金星和火星表面着陆进行科学考察。科学家由此初步揭开了月球和太阳系各大行星的不少奥秘，回答了过去天文学家们争议不休的许多不解之谜。

从 1960 年美国发射第一颗天文卫星"太阳辐射监测卫星"开始，人类陆续发射了分别对 X 射线、V 射线、紫外线和红外线等进行观测的天文卫星，它们突破了地球大气层对天体辐射的阻挡，获取了来自宇宙空间整个波段的电磁辐射，实现了高灵敏度和高分辨率的观测，使对天体的观测波段扩大到紫外线、X 射线、V 射线等地面无法观测的波段，从而不断揭示出宇宙的真实面貌。

探测器史话

　　人类虽然一直向往广漠的宇宙空间，但真正有意义的行动始于1783年施放的第一个升空气球。限于当时的技术条件，不可能上升很高，探测的局限性很大。第二次世界大战后发射的 V－2 探空火箭，最高也只达到约 160 千米的高度。20 世纪 50 年代，由大量的地面台站、气球和火箭等组成全球协同的观测体系，但并未取得突破性成果。1957 年 10 月 4 日第一颗人造地球卫星发射成功，从此人类跨进了宇宙空间的大门，开始了空间探测的新时代。在随后的 30 多年间，对月球、行星和行星际空间进行了有成效的探测，探测领域不断扩大。

空间探测的主要内容

　　近地空间探测：主要指对地球高层大气 、电离层、磁层等区域所进行的探测。探空火箭是近地空间探测的重要手段，它能把探测仪器带到几十至几千千米的高空进行直接测量。人造地球卫星的成功发射，使得对地球磁层可进行详尽的探查，地球辐射带的发现就是人造地球卫星的第一个重大发现，并证实地球磁层的存在。人造地球卫星围绕地球以圆形或椭圆形轨道运行，根据不同的探测目的可选择不同的轨道类型：一是极地圆轨道，对赤道面的倾角约为 90°。在高层大气、电离层和高空磁场测量中，常采用这种轨道。二是大扁度轨道，它的远地点高度要比近地点高度高得多，这种轨道容易获得磁层的完整的剖面资料。三是同步轨道，当卫星在赤道面上高度为 3.6 万千米的圆轨道运行时，卫星绕地球一周恰好与地球自转一周的时间相等，相对于地球是静止的。这种卫星的测量结果容易与地面观测结果配合起来分析。但实际中对近地空间的探测，多采用卫星系列进行。

　　行星际空间探测：主要是探查行星际空间的磁场、电场、带电粒子和行星际介质的分布及随时间的变化。探测证实了太阳风的存在，发现了行星际磁场的扇形结构。探测行星际空间的飞行器可以有 4 种轨道类型：一是地心轨道，围绕地球运行的卫星，只要以远地点超出磁层，就能进入行星际空间进行探测。二是日心轨道，利用围绕太阳运行的飞行器来探测行星际空间十分理想，并且常与行星探测结合起来。三是飞离太阳系的轨道，当飞行器达到第三宇宙速度时，就能克服太阳的引力作用，沿抛物线轨道飞往星际空间，就能够直接探测太阳系在地球轨道以外的部分。四是平衡点轨道，在太阳和地球的联线上有一个平衡点，太阳和地球的引力在这里恰好相等，飞船可以在通过这一点和日地连线相垂直的平面上沿椭圆轨道运动。对于定点监视行星际的物理状态十分理想。

月球和行星的探测：月球是离地球最近的天体，人们对月球的探测比较早，也比较详尽。1969 年 7 月 16 日发射的"阿波罗 11"号第一次载人登上月球，进行实地考察并采集月岩、月壤样品 400 多千克。行星际探测器系列对行星进行了探测，并由对内行星发展到对外行星的探测。

人类原始的观测太空"基地"——天文台

史料表明，中国是世界上天文学发展较早的国家之一，天文观测具有悠久的历史。相传在夏代就有天文台，那时称"清台"，而商代的天文台则叫做"神台"，到了周代改称为"灵台"。以后，历代天文台又有观象台、观星台、司天台、瞻星台等名称。

事实上，早期的天文台既是观测星象的地方，又兼作祭祀活动的场所。古代帝王在该处祀天，同时又任命专职人员在这里观测天象，占卜吉凶，编算历书。

后来，随着社会的发展，祀天和观天逐渐分离，专门从事天文观测的天文台开始逐渐独立出来。由于观测天

北京古观象台

象与古代农牧业生产活动关系十分密切，从此，司天机构在我国一直受到高度重视。除特殊情况外，历代现象台和观天设备都建设在京城。

河南登封古观星台

我国现在尚存有几处古天文台遗址，其中保存较完好的有河南登封古观星台和北京古观象台。另有洛阳灵台，坐落于河南偃师县，它曾是东汉时期一座规模宏大的天文台，相传著名科学家张衡曾在灵台工作过。不过，目前这座古天文台已成废墟。据史书记载，洛阳灵台在全盛时期曾呈现一派繁忙景象。灵台高约20米，其台基约50米见方。全台有43位工作人员，分工极为详细，并且观测项目应有尽有。因此，汉代时期我国天文学十分发达，在当时的世界上居于领先地位。

登封古观星台坐落在洛阳东80多千米远的登封县告成镇，是我国现存最早的天文台建筑。始建于元世祖至元十六年（1279），距今已有700多年历史。耸立着的高台和台下的一条长堤恰好组成一具特殊的圭表。高台即为立表，高9.46米；长堤相当于土圭，称为量天尺，长31.19米，位于正南北方向。

北京古观象台在建国门内立交桥西南侧，建于明代正统七年至十一年（1442～1446），历经明清两代，容姿未衰。辛亥革命后，古观象台属于教育部，成为北洋政府时期的中央观象台。从明正统年间到1929年止，北京古观象台连续观测近500年，创造了连续观测最久的世界纪录。

天体仪示意图

而北京古观象台则安装有8件清代制作的天文观测仪器（天体仪、赤道经纬仪、黄道经纬仪、地平经仪、象限仪、纪限仪、地平经纬仪和玑衡抚辰仪），它们以造型美观、雕刻精细而著称于世，1983 年 4 月 1 日经整修正式对外开放。

圭表是我国古代度量日影长度的一种天文仪器，由"圭"和"表"两个部件组成。直立于平地上测日影的标杆和石柱，叫做表；正南正北方向平放的测定表影长度的刻板，叫做圭。

很早以前，人们发现房屋、树木等物在太阳光照射下会投出影子，这些影子的变化有一定的规律。于是便在平地上直立一根竿子或石柱来观察影子的变化，这根立竿或立柱就叫做"表"；用一把尺子测量表影的长度和方向，则可知道时辰。后来，发现正午时的表影总是投向正北方向，就把石板制成的尺子平铺在地面上，与立表垂直，尺子的一头连着表基，另一头则伸向正北方向，这把用石板制成的尺子叫"圭"。正午时表影投在石板上，古人就能直接读出表影的长度值。

经过长期观测，古人不仅了解到一天中表影在正午最短，而且得出一年内夏至日的正午，烈日高照，表影最短；冬至日的正午，煦阳斜射，表影则最长。于是，古人就以正午时的表影长度来确定节气和一年的长度。譬如，连续两次测得表影的最长值，这两次最长值相隔的天数，就是 1 年的时间长度，难怪我国古人早就知道 1 年等于 365 天多的数值。

仪征铜圭表是中国现存最早的圭表。1965 年在江苏仪征石碑村 1 号东汉墓出土。仪征铜圭表长 34.5 厘米，合汉制 1.5 尺，边缘上刻有尺寸单位；表高 19.2 厘米，合汉制 8 寸。圭、表间用枢轴连接，使之合为一体。使用时将表竖立与圭垂直；平时可将表折入圭体中留出的空档内，便于携带。根据传统的说法，表高为 8 尺，这一数值曾被长期沿用。该表的表高恰为 8 尺的 1/10，说明它是一件便携式的测影仪器，可证明当时常设的天文台用 8 尺的表进行观测的说法是可信的。

圭 表

在很多情况下，圭表测时的精度是与表的长度成正比的。元代杰出的天文学家郭守敬在周公测时的地方设计并建造了一座测景台。它由一座 9.46 米高的高台和从台体北壁凹槽里向北平铺的长长的建筑组成，这个高台相当于坚固的表，平铺台北地面的是"量天尺"，即石圭。这个硕大的"圭表"使测量精度大大提高。

史料证明，以圭表测时，一直延至明清，现在南京紫金山天文台的一具圭表，是明代正统年间（1437～1442）所造的。

远古时的人们，日出而作、日没而息，从太阳每天有规律的东升西落，直观地感觉到了太阳与时间的关系，开始以太阳在天空中的位置来确定时间。但这很难精确。据记载，3000 年前，西周丞相周公旦在河南登封县设置过一种以测定日影长度来确定时间的仪器，称为圭表。这当为世界上最早的计时器。

此外，圭表还可以有多种用途，周秦时期，人们认为在同一日子里，南北两地的日影长短倘若差 1 寸，它们之间的距离大约有 1000 里。据说周王室裂地封侯的时候，用的就是这种办法。圭表还可以测定方向。在地上画许多个同心圆，将表竿竖立在圆心，当上下午表影顶点落在同一圆周上时，将这些对应点连接起来，它们的中点轨迹与圆心连线便是南北方向。在夜里，当视线通过表顶凝望北极时，这方向也即是南北方向。古人在搭建房舍，修造道路和营造宫殿的时候都要仔细地确定南北方向（即子午方向），《诗经》上说"揆之以日，作于楚室"。揆，揣度的意思。全句可以解释为：通过观测日影来决定营造楚国宫殿的方向。

日晷是利用太阳投射的影子来测定时刻的装置，又称"日规"，是我国古代利用日影测得时刻的一种计时仪器。

世界上最早的日晷诞生于 6000 年前的巴比伦王国。中国最早文献记载是《隋书·天文志》中提到的袁充于隋开皇十四年（574）发明的短影平仪，即地平日晷。赤道日晷的明确记载初见于南宋曾敏行的《独醒杂志》卷二中提到的晷影图。

日晷通常由铜制的指针和石制的圆盘组成。铜制的指针叫做"晷针"，垂直地穿过圆盘中心，起着圭表中立竿的作用。因此，晷针又叫"表"，石制的圆盘叫做"晷面"，安放在石台上，呈南高北低，使晷面平行于天赤道面，这样，晷针的上端正好指向北天极，下端正好指向南天极。在晷面的正反两面刻画出 12 个大格，每个大格代表 2 个小时。当太阳光照在日晷上时，晷针的影子就会投向晷面，太阳由东向西移动，投向晷面的晷针影子也慢慢地由西向东移动。晷面的刻度是

日 冕

不均匀的。于是，移动着的晷针影子好像是现代钟表的指针，晷面则是钟表的表面，以此来显示时刻。早晨，影子投向盘面西端的卯时附近。接着，日影在逐渐变短的同时，向北（下）方移动。当太阳达正南最高位置（上中天）时，针影位于正北（下）方，指示着当地的午时正时刻。午后，太阳西移，日影东斜，依次指向未、申、酉各个时辰。由于从春分到秋分期间，太阳总是在天赤道的北侧运行，因此，晷针的影子投向晷面上方；从秋分到春分期间，太阳在天赤道的南侧运行，因此，晷针的影子投向晷面的下方。所以在观察日晷时，首先要了解两个不同时期晷针的投影位置。

这种利用太阳光的投影来计时的方法是人类在天文计时领域的重大发明，这项发明被人类所用达几千年之久，然日晷有一个致命弱点是阴雨天和夜里是没法使用的，直至 1270 年在意大利和德国才出现早期的机械钟，而中国则在 1601 年明代万历皇帝才得到 2 架外国的自鸣钟，清代时虽有很多进口和自制的钟表，但都为王宫贵府所用，一般平民百姓还是看天晓时。所以彻底抛却日晷，看钟表知辰光还是近现代的事。

使用日影测时的日晷，无论是何种形式都有一根指时针，这根指时针与地平面的夹角必须与当地的地理纬度相同，并且正确地指向北极点，也就是都有一根与地球自转轴平行的指针。观察这根指针在指定区域内的投影，就能确定时间。现在常见的日晷有下列几种不同的形式：

（1）水平式日晷。是最常用的日晷，采用水平式的刻度盘，日晷轴的倾斜度依使用地的纬度设定，刻度需要利用三角函数计算才能确定。适合低纬度地区使用。

（2）赤道式日晷。赤道式日晷是依照使用地的纬度，将轴（指时针）朝向北极固定，通过观察轴投影在垂直于轴的圆盘上的刻度来判断时间的装置。盘上的刻度是等分的，夏季和冬季轴投影在圆盘上的影子会分在圆盘的北面和南面，适合中低纬度的地区使用。若将圆盘改为圆环则称为赤道式罗盘日晷。

（3）极地晷。供指时针投影的平面与指时针平行，即与地平面的夹角与地理纬度相同，并朝向正北。时间的刻画可以用简单的几何图来处理，投影的时间线是平行的线条。适合各种不同纬度的地区使用。

（4）南向垂直日晷。刻度盘面朝向正南且垂直地面的日晷。这一种日晷较适合在中纬度（30°~60°）地区使用。

（5）东或西向垂直式。刻度盘面朝向正东或正西且垂直地面的日晷。这一种日晷只能在上半日（东向）或下半日（西向）使用，但全球各纬度地区都适用。

（6）侧向垂直式。刻度盘面采用垂直方向的日晷。这一种日晷需要依照建筑物的墙面方向换算刻度，不容易制作。依季节及时间的不同，有时不会产生影子。南向与东西垂直日晷都可视为此形的特例。

（7）投影日晷。不设置指时针，仅在地平面依地理纬度的不同绘制不同扁率的椭圆，在其上刻画时间线，并将长轴指向正东西方向，南北向的短轴上则需刻上日期，指示立竿测量时刻的正确位置。

在此次北京奥运会开幕式上就上演了焰火点亮日晷这一激动人心的一幕。时钟接近20：00，焰火在"鸟巢"上空绽放，突然，一道耀眼的焰火在体育场上方滚动，激活古老的日晷。日晷将光芒反射到2008面缶组成的缶阵上，和着击打声，方阵显示倒计时秒数。缶面上连续闪出巨大的9、8、7、6、5、4、3、2、1……场面之震撼，令人终生难忘。

探测太空的千里眼——天文望远镜与射电望远镜

事实证明，人们靠用肉眼或依靠简单的工具进行天文观测，观测视野势必会受到很大限制，因此意大利科学家率先发明了望远镜，从而使人类的视线范围得到了实质性的扩大。

1609年，意大利科学家伽利略用自制的可以放大30倍的望远镜，第一次看到了月球上奇特的环形山，发现了木星的4颗大卫星，观察到了太阳黑子、金星的盈亏变化以及银河中密布的点点繁星等过去从未见到过的奇妙现象。从此，专门用于天文观测的望远镜就很快发展起来。

其实，和普通望远镜一样，天文望远镜能把远处的景物拉到观测者的眼前。天文望远镜比一般望远镜不仅要大得多，而且也精良得多。现代的天文（光学）望远镜品种、式样很多，根据设计原理，大致可以分为3大类：

第一类是折射望远镜。这种望远镜是使用最早的望远镜。它的前端是以一个或一组凸透镜作为物镜，后面是一个目镜。光线从前面进来，从后端出去。这种望远镜焦距较长，最适宜于天体测量工作。第一架天文望远镜——伽利略望远镜就是折射式望远镜。目前世界上最大的折射望远镜，是美国叶凯士天文台的口径为102厘米的望远镜。

第二类是反射望远镜。由于早期的折射望远镜有许多缺陷，看到的景物往往变形，并且在景物周围总有一圈五彩缤纷的色晕，影响观测精度。为了克服这些缺陷，牛顿发明了反射式望远镜。这种望远镜利用反射原理，用凹面镜作为物镜，把来自天体的光线反射聚集起来，不仅成像质量较高，而且还有镜筒较短、工艺制作较易等优点。因此，现代大型天文望远镜大多属这种类型。目前世界上较大的天文望远镜，要数苏联高加索山上那台口径为6米和美国帕洛玛山天文台的口径为5.08米的反射望远镜了。后者的镜头玻璃就有20吨重！利用它可以窥见21等的暗星。

第三类是折反射望远镜，它是由德国光学家施密特设计出来的。这种望远镜综合了前两类望远镜的优点，视野宽、光力强、像差小，因而最适合用来研究月球、行星、彗星、星云等有视面的天体。

射电望远镜又称无线电望远镜，它是20世纪40年代才发展起来的新型天文探测工具。事实上，射电望远镜与光学望远镜有很大的不同，它既没有大炮式的镜筒，也没有物镜、目镜，它不是靠接受天体的光线，而是靠接受天体发射出来的无线电波来进行天文观测的。射电天文望远镜的形状与雷达接收装置非常相像。

射电望远镜最显著的优点之一是不受天气条件的限制，不管刮风下雨，无论是白天黑夜，都能进行观测。它的探测能力比普通的光学望远镜要强得多。

也许读者会问，为什么射电望远镜能看到光学天文望远镜无法观测到的许多宇宙秘密呢？我们知道，宇宙中的各种天体都能发出不同波长的辐射。而人眼只能看到天体在可见光范围内的辐射情况，对可见光以外范围（如γ射线、V射线、紫外线、红外线及无线电波等）的辐射情况却视而不见。射电望远镜就是接收和记录各种天体在不同波段上辐射的各种信息，再根据天体物理理论推算各类天体的有关物理情况，其中某些是光学望远镜难以测定的。有些天体在可见光波段的辐射并不明显，但在无线电波段却有很强的辐射，这时就只有依靠射电望远镜才能进行接收观测。此外，由于宇宙中还存在着许多尘埃粒子，它们能挡住我们在可见光波段的视线，但对无线电波的阻挡却较少。因此，射电望远镜能观测到一些光学望远镜无法看到的天体。

事实上，射电望远镜就是一套类似收音机、雷达那样的接收装置。它由天线、接收机、校准源以及记录设备等几大部分组成。该种望远镜的天线系统的作用类似于光学望远镜中的物镜，用以收集来自天体的无线电波。而接收机系统的作用则是在预定的频率范围内，把天线接收到的微弱太空信号，从强大的噪声中挑选出来，然后进行放大、记录、显示。记录仪或显示器所描绘出来的图像通常是一些弯弯曲曲的线条，而这些线条正是各种遥远的宇宙天体向我们发来的各种射电信息。

"天眼"哈勃望远镜

在介绍哈勃太空望远镜之前，我们首先了解下哈勃望远镜的故事。而事实上该故事还要从 1946 年说起，当时普林斯顿的天文学家莱曼·斯皮策曾建议美国研制一台太空望远镜，但自从国会于 1977 年批准之后，这个计划一直受到进度推迟、工作混乱、经费超支的困扰。当直径 2.4 米的主透镜经过 5 年的研磨、抛光于 1981 年完成时，所耗资金就比预算超出 300 万美元。再加上各种各样的技术问题和 1986 年"挑战者"号航天飞机失事后航天飞机停飞 3 年的禁令，直到 1990 年 4 月 24 日才把这台望远镜发射上天。

该望远镜是用埃德温·哈勃的名字命名的，因为哈勃在1929年发现了宇宙膨胀。而科学家们研制这台望远镜的目的，便是观测宇宙的边缘，以有助于对人类最高深的一些问题找到答案。

资料显示，哈勃太空望远镜是被送入轨道的口径最大的望远镜。该望远镜总长12.8米，

哈勃太空望远镜示意图

镜筒直径4.28米，主镜直径2.4米，连外壳孔径则为3米，全重约11.5吨。这是一个完整的性能卓越的空间天文台，借助它可观测到宇宙中140亿光年远发出的光；它能够单个地观测到星群中的任一颗星；它能研究和确定宇宙的大小和起源，以及宇宙的年龄、距离标度；它还能分析河外星系，确定行星部、星系间的距离，它能对行星、黑洞、类星体和太阳系进行研究，并画出宇宙图和太阳系内各行星的气象图。

专家指出，该望远镜由3大部分组成，第一部分是光学部分，第二部分是科学仪器，第三部分是辅助系统，包括两个长11.8米、宽2.3米，能提供2.4千瓦功率的太阳能电池帆板及两个与地面通讯用的抛物面天线。镜筒的前部是光学部分，而后部则是一个环形舱，在这个舱里面，望远镜主镜的焦平面上安放着一组科学仪器，太阳能电池帆板和天线从筒的中间部分伸出。

望远镜的光学部分是整个仪器的心脏。它采用卡塞格林式反射系统，由两个双曲面反射镜组成，一个是口径2.4米的主镜，另一个是装在主镜前约4.5米处的副镜，口径0.3米。投射到主镜上的光线首先反射到副镜上，然后再由副镜射向主镜的中心孔，穿过中心孔到达主镜的焦面上形成高质量的图像，供各种科学仪器进行精密处理，得出来的数据通过中继卫星系统发回地面。

除了光学部分，望远镜的另外一个主要部分就是装在主镜焦平面上的8台科学仪器，分别是：

（1）宽视场行星照相机。

它灵敏度高，观测波段极宽，从紫外一直到红外；不仅可观测太阳系行星，还可对银河系和河外星系进行观测，且照片清晰度非常高。

（2）暗弱天体照相机。

它是两个既独立又相似的完整天体和探测系统，可探测到暗至 23～29 等的星体。

（3）暗弱天体摄谱仪。

它可对从紫外到近红外波段的辐射进行光谱分析，又可测算它们的偏震。

（4）高分辨率摄谱仪。

它能对紫外波段进行分光观测，能观察更暗弱、更遥远的天体。

（5）高速光度计。

它可在可见光波段和紫外波段范围内对天体做精确测量，可确定恒星目标的光度标准，又进一步识别过去人们观测到的天体情况。

（6）精密制导遥感器。

望远镜上一共有 3 台精密制导遥感器，分别用于望远镜定向系统和天体位置精密测量定位。

事实上，这些科学仪器是为望远镜在最初几年运转期间所配备的。为了使太空望远镜能够充分利用最新技术成果，焦平面上的这些仪器设计成可作各种不同组合和更换方式的仪器。在望远镜工作期间，可以通过航天飞机上的航天员进行维修更换，必要时，也可以用航天飞机将整个望远镜载回地面做大的修理，然后再送入轨道。太空望远镜的寿命按设计要求至少 15 年，估计实际可达几十年。

当发现该望远镜观测距离不够远时，因首次拍摄到一颗天体的图像带来的兴奋一下子便变成极度的担忧。原来预计可以观测 140 亿光年远的望远镜现在只能观测到 40 亿光年！后来发现是因为主透镜边缘磨得太平，多磨掉了 0.25 毫米。更糟的是太阳能电池板每跨过一次昼夜分割线（90 分钟）就折曲一次，引起了使视觉模糊不清的图像跳动。于是，描述情况很糟的种种说法都加在了哈勃望远镜的身上，批评家们甚至开始对美国航空航天局是否该继续存在下去提出了质疑。

3 年后，美国宇航局对"重病缠身"的哈勃望远镜进行了一次耗资 2.5 亿美元、为期 11 天的大修。由航天员给它装上了称作"眼睛"的矫正光学部件和不易弯曲的太阳能电池板，中止了图像跳动。另外还装上了经过改进的摄像机。

在随后的 1997 年 2 月，美国航空航天局耗资 3.5 亿美元又进行了第二次维修，这次航天员又安装了 2 台新的仪器，使望远镜的数据搜集能力提高了 9 倍。一台近红外摄像机和多天体摄谱仪，把望远镜的能力扩展到了比电磁频谱中可看到的红光波长更长的红外线范围。另一台是太空望远镜成像摄谱仪，被称作是哈勃望远镜的"彩色视觉"。与以前的摄谱仪的区别是，它可以一次观测多达 512 个不同的天域或天体，找到可以确定这些天体的成分、速度和温度的线索。

为了扩大数据存储能力，航天局还装上了一台固态型磁带数据记录器。同以前所用的技术相比，这些新的仪器具有人工智能，可以一起协同工作，也可以同原先安装在望远镜上的其他摄像机一起工作。在各种波长的同时成像对天文学家更深入地研究某个天体非常有利。

事实证明，"哈勃"确实为人类探索太空提供了诸多依据。首先，"哈勃"帮助解决了一些长期困扰天文学家的问题，而且导出了新的整体理论来解释这些结果。"哈勃"的众多主要任务之一是哈勃太空望远镜拍摄的蝴蝶星云要比以前更准确地测量出造父变星的距离，这可以让我们更加准确地定出哈勃常数的

数值范围，这样才能对宇宙的扩张速率和年龄有更正确的认知。在"哈勃"升空之前，哈勃常数在统计上的误差估计是 50%，但在"哈勃"重新测量出室女座星系团和其他遥远星系团内的造父变星距离后，提供的测量值准确率可以在 10% 之内。这与"哈勃"发射之后以其他更可靠的技术测量出来的结果是一致的。

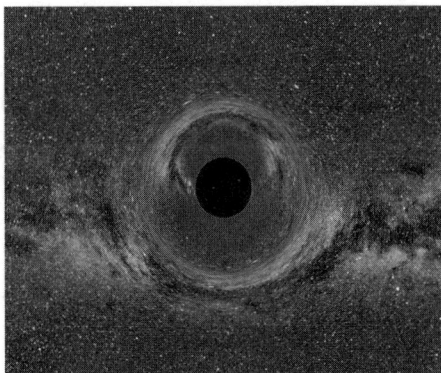

哈勃望远镜将对黑洞研究产生深刻影响

"哈勃"也被用来改善宇宙年

龄的估计，宇宙的未来也是被质疑的问题之一。来自高红移超新星搜寻小组和超新星宇宙论计划的天文学家使用望远镜观察遥远距离外的超新星，发现宇宙的膨胀也许实际上是在加速中。这个加速已经被"哈勃"和其他地基望远镜的观测证实，但加速的原因目前还很难以理解。

而由"哈勃"提供的高解析光谱和影像很明确地证实了盛行的黑洞存在于星系核中的学说。在 60 年代初期，黑洞将在某些星系的核心被发现还只是一种假说，在 80 年代才鉴定出一些星系核心可能是黑洞候选者的工作，"哈勃"的工作却使得星系的核心是黑洞成为一种普遍和共同的认知。"哈勃"计划在未来将着重于星系核心黑洞质量和星系本质的紧密关联上，"哈勃"对星系中黑洞的研究将在星系的发展和中心黑洞的关连上产生深刻与长远的影响。

"哥伦比亚"航天飞机示意图

作为一个无可否认的事实是，哈勃太空望远镜已到"晚年"。它在太空的十几年中，经历 4 次大修，分别为 1993 年、1997 年、1999 年、2001 年。尽管每次大修以后，"哈勃"都面貌一新，特别是 2001 年科学家利用"哥伦比亚"航天飞机对它进行的第四次大修，为它安装测绘照相机，更换了太阳能电池板，更换已工作 11 年的电力控制装置，并激活处于"休眠"状态的近红外照相机和多目标分光计，然而，大修仍掩盖不住它的"老态"，因为"哈勃"从上太空起就处于"带病坚持工作"状态。

美国航空航天局将于近期召集各方面专家和宇航员共同讨论，到底在何时以何种方式让 NASA（美国航空航天局）骄子——"哈勃""寿终正寝"。尽管人们仍对它恋恋不舍，但"哈勃"所剩时日不多，也许在今年或稍晚一些时候就会被换下"一线"。

目前，美国正在积极筹划研制新一代太空望远镜，旨在接替目前还在轨道运行的哈勃望远镜。据报道，新一代望远镜主镜口径达 7.5 米，其观察范围比"哈勃"大 4~6 倍，清晰度不亚于"哈勃"。新一代望远镜，重量预定 3000 千克，而"哈勃"重达 10000 千克。制造这么大而又这么轻的镜片，要求在材料上有巨大的突破和进展。

"哈勃"在对宇宙形成初期进行探测时留下了 1~10 亿年之间空白，而新一代望远镜将填补这段空白，研究宇宙的早期，观察诸星系形成时期的情况。"哈勃"专门用紫外线和可见光中的短波来观测宇宙，而新一代望远镜则用电磁光谱中波长较长的红外线部分来深入探索宇宙。因为宇宙在扩张的过程中诸星系远离地球向外运动，它们的光变成波长较长的红光，以红外线的形式传到地球上。

专家指出，新一代望远镜不像"哈勃"那样绕地球轨道，而是将稳定地占据地球与太阳之间、月球以外约 150 万千米的一条轨道，制造一个望远镜阵。专家预计其最终的空间分辨率可优于哈勃望远镜近千倍。

作为将于 2010 年结束观测活动的哈勃太空望远镜的后续机，计划于 2011 年发射升空。但因哈勃太空望远镜的修补等延命措施的效果，故发射改期为 2013 年。

自从 1959 年世界第一个空间探测器升空以来，人类已相继发射了拜访月球、太阳系的 7 大行星以及小行星和彗星的探测器。有的探测器还飞到太阳系外去揭示更遥远的深空奥秘，其中对月球的考察最详细，甚至派遣了航天员赴月球实地考察。

这些探测器取得了巨大成果，大大扩展了人类的活动范围，揭开了月球和太阳系各大行星的不少奥秘，回答了过去天文学家们争论不休的许多不解之谜，促进了空间科学向着更深、更广的领域发展。

地外星系示意图

对地外星球进行探测的主要目的是：研究月球和太阳系的起源和现状；通过对太阳系各大行星及其卫星的考察研究，进一步揭示地球环境的形成和演变情况；认识太阳系的演化，探寻生命的起源和演变历史；利用宇宙空间的特殊环境进行各种科学实验，直接为国民经济服务。

探空火箭

人类对太空的探测还有一种重要工具，它就是探空火箭。探空火箭系统由有效载荷、火箭、发射装置和地面台站组成。有效载荷大多装在箭头的仪器舱内。仪器舱的直径有时可大于箭体直径。有效载荷采集到的信息通过遥测装置发送到地面台站接收处理，或者在火箭下降过程中将有效载荷从火箭内弹射出来，利用降落伞等气动减速装置安全降落到地面回收。有效载荷的重量和尺寸取决于探测要求，一般为几公斤到几百公斤，最大可达几吨。火箭包括箭体结构、动力装置、稳定尾翼等。大多数探空火箭为单级或两级火箭，也有为3级、4级的。动力装置通常用固体火箭发动机，可以简化和缩短发射操作时间。探空火箭对火箭姿态和飞行弹道的要求不像导弹和运载火箭那样严格，一般不设控制系统，仅靠稳定尾翼或火箭绕纵轴旋转来保证飞行稳定。需要精确定位和定向时才设置控制系统。发射装置通常用导轨和塔式发射架，使火箭获得足够大的出架速度。无控制火箭的飞行弹道受风的影响较大，为了保证达到预定的高度和减小弹道散布，探空火箭发射时尚需根据发射场的高空风资料采用风补偿技术来调整和确定发射角度。大多数探空火箭从地面以接近垂直状态发射，也有从移动式发射车发射的，根据需要还可从舰船或升在空中的气球上发射。地面台站主要包括接收测量信息的地面接收设备、跟踪火箭的定位测速设备（如雷达）和电子计算机等。雷达跟踪方式有反射式和应答式两种，应答式比反射式的跟踪距离更大。地面接收设备接收的遥测数据直接输入电子计算机处理，实时给出探测结果。

探空火箭通常可按研究对象分类，如气象火箭、生物火箭、地球物理火箭等。气象火箭多用于100千米以下高度的大气常规探测。生物火箭用于外层空间的生物学研究。地球物理火箭用于地球物理参数探测，使用高度大多在120千米以上。

探空火箭所获取的资料可用于天气预报、地球和天文物理研究，为弹道导弹、运载火箭、人造卫星、载人飞船等飞行器的研制提供必要的环境参数。

探空火箭还可用于某些特殊问题的试验研究，如利用探空火箭提供的失重状态研究生物机体的变化和适应性，利用探空火箭进行新技术和仪器设备的验证性试验等。探空火箭一般为无控制火箭，具有结构简单、成本低廉、发射方便等优点。它更适用于临时观察短时间出现的特殊自然现象（如极光、日食、太阳爆发等）和持续观察某些随时间、地点变化的自然现象（如天气）。发射无控制火箭有一些特殊技术要求，主要是：保证飞行稳定，达到预定的探测高度和减少弹道顶点和落点的散布。世界第一枚专门用于高空大气探测的火箭是美国于 1945 年秋研制成功的"女兵下士"火箭。它能将 11 千克的有效载荷送到 70 千米的高空。此后，美国和苏联利用缴获的 V－2 火箭发射了一批探空火箭。50 年代的国际地球物理年活动大大推动了探空火箭的发展，许多国家开始了探空火箭的研制。到 80 年代，世界上已有 20 多个国家发展或使用了探空火箭。探空火箭的年发射量高达数千枚。

空间探测大写意

迄今，包括苏联、美国、日本、欧洲空间局等在内的许多国家或组织都相继发射了空间探测器，获取了大量前所未有的、丰富的有关日地空间、月球和行星的探测数据，为人类认识、开发和利用宇宙提供了科学的依据。随着人类社会的发展和空间技术水平的不断提高，空间探测的广度和深度也在不断扩大。

空间探测器是通过装载的科学探测仪器来执行空间探测任务的。已发射的空间探测器主要采用以下几种方式：

（1）从地外星球近旁飞过或在其表面硬着陆，利用这个过程的短暂时间探测地外星球周围环境和拍摄地外星球照片。苏联的"月球3"号探测器就以这种方式发回了第一批月球背面的照片。

（2）以月球或行星卫星的方式取得信息，这样能有较长的探测时间并获取较全面的资料。美、苏都发射过不少人造地外星球卫星。欧洲的"火星快车"、"金星快车"等都属于这一类。

（3）探测器在月球或行星及其卫星表面软着陆，以固定或漫游车的方式进行实地考察、拍摄探测和取样分析等。美国"勘测者"系列探测器（共7

个）曾陆续在月面软着陆，详细调查月面情况，为"阿波罗"载人登月飞船挑选理想的着陆点。苏联发射过2辆月球车，扩大了探测范围，获取了大量数据，并给"火星车"研制提供了经验。目前，美国的"勇气"号、"机遇"号火星车已在火星表面探测了好几年。

（4）用载人或不载人探测器在月面软着陆后取得样品返回地球，进行实验室分析。美国在20世纪六七十年代成功发射过6艘"阿波罗"载人登月飞船，航天员们在月球上一共停留了近300个小时，足迹达100千米，带回月岩样品约几百千克，取得了丰富的科学数据和月球岩石样本，大大充实了人们对月球的认识，其中有的载人登月飞船还带上"月球车"，车上装有许多科学仪器，航天员驾驶它在月面行走，主要用于扩大航天员的活动范围和减少体力消耗。2006年1月15日，美国"星尘"号探测器首次携带怀尔德－2彗星样本成功返回地面，在全球产生了巨大影响。

（5）在深空开展漫游式飞行，对中途所路过的星球逐一进行短期考察，飞出太阳系后仍继续探测。其典型代表就是美国的"旅行者1"号、"旅行者2"号等。

（6）进行撞击式探测，它与早期的硬着陆不同，是一种新兴起的探测方式，主要是探测地外星球的内部结构和组成，发挥探测器的余热，其中影响较大的是美国"深入撞击"探测器在2005年7月4日首次撞击"坦佩尔1"号彗星，这是人类第一个实际接触并探索彗星的空间活动；另外，2006年9月3日，欧洲SMART1号也采用了这种方式撞击了月球。将于2007～2008年发射的印度月球"初航1"号也拟搭载一个质量30千克的撞击器来撞击月球，以激起月球土壤，获取有关矿物质和水的科学数据；2008年10月升空的美国"月球坑观测与探测卫星"探测器，将于2009年1月两次撞击月球南极，希望能找到那里有水和其他化合物的痕迹。它的撞击能量将是1999年美国"月球勘测者"探测器率先撞击月球的200倍，很容易被观测到。由此可见，用撞击方式来探测月球内部正成为一种发展趋势。

（7）人类下一个重要目标是在月球建立永久性载人基地，以开发和利用月球的资源、能源和特殊环境，并为载人火星航行开道铺路。在月球上建设规模庞大的基地，是一项前所未有的创新工程，需要花费巨大的人力、物力和财力，所以在建设之前要做大量的准备工作，例如发射月球探测器对月球进行全面探测，以选择好月球基地的地址；要研制充当开路先锋的月球机器人等，为人类重返月球、建立月球基地及最终的载人火星航行开道铺路。

群雄逐星竞风流

人类现已探测了月球、水星、金星、火星、木星、土星、天王星、海王星以及一些小行星和彗星等。

（1）在月球探测方面，1959年1月2日苏联发射了"月球1"号探测器，2天后它从距月球6000千米处飞过，首次探访了月球。同年10月7日，"月球3"号探测器在飞过月球时，拍摄了月球背面的第一张照片。苏联总共发射了24个"月球"系列探测器。美国也不示弱，在发射了数个"徘徊者"、"勘测者"和"月球轨道器"等月球探测器后，成功把6艘载人飞船送上月球表面，创造了人间奇迹。美国1998年发射的"月球勘探者"证实了月球上有水冰，此举在全球产生了轰动。现在，已有越来越多的国家已经或正在开展探月，其中1990年1月24日日本发射的"飞天"号使该国成为世界第三个探月的国家。世界第四个探月的是欧洲局，它于2003年9月27日发射了其第一个月球探测器"斯玛特1"号。

（2）在水星探测方面，水星是太阳系中距太阳最近的行星，也是9大行星中最小的一颗。因为水星距太阳最近，被太阳耀眼的光芒所笼罩，所以探测它很困难。美国的"水手10"号探测器1974年首次掠过水星。美国2004年发射的"信使"号探测器将于2011年左右到达水星，成为第一个进入水星轨道的探测器。

（3）在金星探测方面，人类对太阳系行星的探测首先是从金星开始的。迄今虽然只有约20个探测器造访过金星，但它们已初步揭开了金星的面纱。第一颗绕越金星的探测器是美国的"水手2"号，它1962年8月发射升空，同年12月与金星近距离接触。1970年，苏联的"金星7"号探测器首次在金星上着陆。1989年5月4日，美国用航天飞机发射的"麦哲伦"号金星探测器是目前最先进的金星探测器。

（4）在火星探测方面，火星是位于地球轨道外侧的第一颗行星，与地球很相似，所以最受人类青睐，已发射了30多个火星探测器。第一次成功到达火星的是美国的"水手4"号，它于1965年7月14日在火星表面约1万千米的地方掠过，第一次对火星作了近距离考察。1969年2月24日和3月27日发射的"水手6"号和"水手7"号，于7月31日和8月4日在距火星约3400千米处飞过，对火星的大气成分和结构作了探测。1971年5月30日发射的"水手9"号于11月14日进入火星轨道飞行，拍摄了70%的火星表面。1975年8月20日和9月9日，美国先后发射2个"海盗"探测器，1976年7月20日和9月3日它们先后在火星软着陆。此后，又发射了"火星探路者"等。

（5）在木星探测方面，木星是太阳系中最大的一颗行星，并拥有一个为数众多的卫星群，在结构上也颇似太阳系。因此，通过木星的研究，能有助于了解太阳的演变和起源。第一个拜访木星的探测器是美国1972年3月发射的"先驱者10"号，此后美国"先驱者11"号、"旅行者1"号和"旅行者2"号也先后掠过木星，对木星进行考察。1989年10月18日美国"亚特兰蒂斯"号航天飞机把伽利略号木星专用探测器带上太空并施放入轨，它于1995抵达木星后进行了卓有成效的探测。

（6）在土星探测方面，1979年9月1日，经过6年半的太空旅程，"先驱者11"号成为第一个造访土星的探测器。1980年11月12日，"旅行者1"号从距土星12600千米的地方飞过，一共发回1万余幅彩色照片。美国和欧洲合作研制的"卡西尼"号探测器1997年发射升空，2004年进入土星轨道，2005年初"卡西尼"号释放了欧洲的"惠更斯"号探测器，后者成功在土星上着陆。

（7）在天王星探测方面，天王星是太阳系的第七颗行星，距太阳的平均距离有29亿千米。第一个也是唯一的一个访客是美国"旅行者2"号。"旅行者2"号1977年发射升空，直到1986年才从距离天王星最近的点飞过。

（8）在海王星探测方面，和天王星一样，海王星只被旅行者2号近距离访问过，初访时间是1989年。

（9）在冥王星探测方面，由于冥王星离太阳最远，所以至今还没有进行过专门探测。不过，美国研制的第一个冥王星探测器也于2006年升空，它将在 2015 年抵达冥王星。

（10）在彗星和小行星探测方面，世界上规模最大、影响最大的彗星探测，是在 1986 年 3 月对著名的"哈雷"彗星回归所进行的探测活动。1985～1986 年，全世界先后专门发射了 5 个"哈雷"彗星探测器，它们都取得了很好的探测成果。近年，美欧又先后发射了"星尘"号、"罗塞塔"和"深入撞击"等彗星探测器，再次掀起彗星探测的新高潮。美国宇航局的"尼尔"探测器于 2000 年 2 月 14 日进入了名叫爱神星的小行星运行轨道，这是人类发射的航天器首次成功地进入围绕小行星运行的轨道。

知识点

太阳系

太阳系就是我们现在所在的恒星系统。它是以太阳为中心，和所有受到太阳引力约束的天体的集合体：8 颗行星冥王星已被开除、至少 165 颗已知的卫星，和数以亿计的太阳系小天体。这些小天体包括小行星、柯伊伯带的天体、彗星和星际尘埃。广义上，太阳系的领域包括太阳、4 颗像地球的内行星、由许多小岩石组成的小行星带、4 颗充满气体的巨大外行星、充满冰冻小岩石、被称为柯伊伯带的第二个小天体区。在柯伊伯带之外还有黄道离散盘面、太阳圈和依然属于假设的奥尔特云。

人造卫星

卫星，是指在宇宙中所有围绕行星轨道上运行的天体，环绕哪一颗行星运转，就把它叫做相应行星的卫星。

我们知道，月亮是地球的卫星，它像忠实的卫士，始终围绕着地球旋转。它自身不会发光，明亮的月光是月球反射太阳光的结果。在太阳系中，有好几颗行星都有自己的"卫士"，而且有些行星不止一个"卫士"。有一些较大的小行星也有自己的"卫士"，它们统称为卫星。

许多卫星和行星很相似，它们的运动轨道具有共面性、近圆性、同向性，并且与它们守卫的行星的距离按一定的规律分布着，这样的卫星称为规则卫星。反之，不具有这些性质的卫星，称为不规则卫星。

月球是地球的卫星

卫星绕行星转动有两种方式：一种是和行星绕太阳转动的方向一致，称为顺行；一种是和行星绕太阳转动的方向相反，称为逆行。除了公转以外，卫星本身还有自转。

研究发现，在浩大的太阳系中，除水星和金星之外，其他行星都有自己的天然卫星。目前太阳系已知的天然卫星总数至少有160颗，其中包括构成行星环的较大的碎块。天然卫星的大小不一，彼此差别很大。其中一些直径只有几千米大，例如，火星的两个小月亮，还有木星、土星、天王星外围的一些小卫星。还有几个在太空运行的卫星却比水星还大，例如，土卫6、木卫3和木卫4，它们的直径都超过5200千米。

什么是人造卫星

"人造卫星"就是环绕地球在空间轨道上运行（至少1圈）的无人航天器。科学家用火箭把它发射到预定的轨道，使之环绕着地球或其他行星运转，以便进行探测或科学研究。并且通常把围绕哪一颗行星运转的人造卫星就称为相应行星的人造卫星，比如最常用于观测、通讯等方面的人造地球卫星。

我们知道，地球对周围的物体有引力的作用，因而抛出的物体要落回地面，并且抛出的初速度越大，物体就会飞得越远。牛顿在思考万有引力定律时就曾设想过，从高山上用不同的水平速度抛出物体，速度一次比一次大，落地点也就一次比一次离山脚远。倘若没有空气阻力，当速度足够大时，物体就永远不会落到地面上来，它将围绕地球旋转，成为一颗绕地球运动的人造地球卫星，简称人造卫星。

资料表明，人造卫星是发射数量最多、用途最广、发展最快的航天器。1957年10月4日，苏联发射了世界上第一颗人造卫星。之后，美国、英国、法国、日本、印度也相继发射了人造卫星。中国于1970年4月24日发射了"东方红1"号人造卫星，截至2008年年底中国共成功发射了近百颗不同类型的人造卫星。除上述国家外，加拿大、意大利、澳大利亚、德国、荷兰、西班牙和印度尼西亚等也在准备自行发射或已经委托别国发射了人造卫星。

人造卫星一般由专用系统和保障系统两部分组成。专用系统是指与卫星所执行的任务直接有关的系统，也称为有效载荷。应用卫星的专用系统按卫星的各种用途包括：通信转发器、遥感器、导航设备等。而科学卫星的专用系统则是各种空间物理探测、天文探测等仪器。技术试验卫星的专用系统则是各种新原理、新技术、新方案、新仪器设备和新材料的试验设备。而保障系统则是指保障卫星和专用系统在空间正常工作的系统，也称为服务系统，其中主要有结构系统、电源系统、热控制系统、姿态控制和轨道控制系统、无线电测控系统等。而对于返回卫星，则还有返回着陆系统。

人造卫星

卫星的结构系统除了构成卫星的外形以外，它还有一个重要的用途，就是要经得起严酷环境条件的考验，起到保护内部的仪器设备的作用。比如说在火箭点火工作的刹那，伴随着震耳欲聋的轰鸣，成吨的燃料喷着长长的火舌从发动机的喷管倾泻而出，这样会产生强大的冲击和振动，并且立刻作用到结构上；此外，当火箭高速飞行时，它的表面和周围大气会产生强烈的摩擦。在摩擦的作用下，火箭表面很快会被加热，我们称之为气动加热。它可以使卫星表面的温度达到几百摄氏度，对卫星非常不利。当返回式卫星返回时，它是以8千米/秒的速度冲向地球，就像流星一样快。由于大气的阻挡，卫星的速度会迅速地减小，同时伴随着运动能量的减少，这些减少的能量几乎全部变成热能。这些热能会使卫星周围气体的温度高达10000℃！卫星结构温度也有2000℃～3000℃！卫星进入太空后，它的运行要经过日照区和阴影区。当卫星运行到日照区时，太阳直接照射在卫星上，会产生达到100℃的高温。而当卫星运行到阴影区时，卫星的温度就很低，最低为－100℃。

所以，为了使卫星能够经受种种的考验，保证它能够正常工作，科学家们首先要求卫星有足够的强度和刚度。那么，什么是卫星结构的强度和刚度呢？

科学上给出的强度定义是当卫星的结构在一定的外力作用下，使自身不被破坏的能力。而刚度则是指当结构受到一定的外力作用时，使卫星不产生过大变形的能力。当卫星受到外力的作用时，尽管它的结构没被破坏，但是有很大的变形也是不允许的。

除此之外，我们对卫星的结构要求是非常高的，但是在材料的选取和使用上要求更高，既要求材料的强度高、刚度好，又要求材料的密度小，也就是相同的体积下具有更小的质量。现在的低密度、高强度的非金属复合材料就很好，它在这方面已得到了"重用"，我们常听说的玻璃钢就是其中的一种。

不管是火箭还是卫星，都有众多的电子仪器设备，要想使得这些电子设备正常地运行，就需要充足的能源供给做后盾。因此说，能源系统对卫星而言就像它们的食粮，是必不可少的。卫星上的众多的电子仪器和活动部件，都需要供电后才能工作。

专家指出，与地面能源所不同的是，卫星的"食粮"有更高的标准。具体体现在以下几个方面：

首先，我们要求它能够在真空状态下工作；其次，要求用于产生能源的材料要轻，而且这种材料在相同的质量下，能够激发出更大的能量。

对于低轨道、短寿命的卫星，我们一般多采用化学电源，如银－锌电池、镍－镉电池；或者是选择性能更好的如锂电池、氢—氧燃料电池等。

而对于高轨道、长寿命的卫星，我们一般采用太阳能电池。太阳能电池从太阳取得能量，所以它的能量是源源不断的，并且可使卫星工作几年甚至几十年的时间。

　　有时我们从电视上能看到像蜻蜓一样伸展着两个大翅膀的卫星，那两个大翅膀可不是用来飞行的，而是太阳能电池的帆板。或许在不远的将来，随着科学技术的不断发展，更为先进的能源会越来越多地被采用，比如核能源就是一个很好的例子。

　　有趣的是，人造卫星对它的能源系统还挺挑剔的，可不是"吃饱了"就行，不过卫星这是为了工作的需要，所以我们要尽量满足它。那么，卫星对它的"吃食"有哪些要求呢？

　　首先，表现在能源系统要有电池来存储电能。为了减少卫星的重量，一般是直流电源。其次，卫星上不同的仪器需要不同的电压和不同的电流，这就需要把固定电压的直流电进行变换，所以还要有变换器。

　　另外，要想把电流送到每个仪器，还必须要有电缆来传输，对于大型卫星，如果把卫星的各种电缆线一根根地接起来，能够围绕地球转好几圈呢！

　　由于太空是一种失重环境，倘若人造卫星在该环境下不加控制的话便会乱翻筋斗，这种情况是绝对不允许的。卫星飞行时有的需要它的天线始终对准地面；有的要求它的工作窗口对准地面，而有的仪器需要始终对准太阳。我们可以简单地设想一下，如果胡乱翻滚那还能工作吗？

　　从广义上讲，对于卫星的控制是多方面的，有姿态控制、轨道控制、工作程序控制和无线电控制等4个方面。下面我们首先看看卫星的姿态控制和轨道控制是如何工作的。

　　为了防止卫星在飞行中的翻滚，首先要对它的飞行姿态进行控制，使卫星始终保持一种姿态或者在必要的时候改变现有姿态。卫星飞行时保持姿态的标准就是使它的某一个轴始终指向空间的一个特定方向。不管卫星是什么形状，总可以按照不同的方向规定它的3个轴的方向，比如卫星的长度方向规定为纵轴，记为X向，则其他两个横轴就是Y向和Z向。

　　卫星的姿态控制就是控制卫星的飞行姿态，保持姿态轴的稳定，使它的变化在工作允许的范围内，而一旦超出这个允许的范围，就要进行调整。根据对卫星的不同工作要求，卫星姿态稳定的方法也是不同的，有的卫星使它的一个轴始终定向，指向空间固定方向，而卫星本体围绕这个轴转动来稳定姿态，好像小孩玩的陀螺，一转动起来就有一个轴的方向保持不变，卫星的这种姿态稳定方式称为自旋稳定。产生卫星旋转的动力是在卫星的表面沿圆周方向，也称为切线方向，对称地装上小火箭，当需要时，自动点燃小火箭，用火箭的动力产生力矩，使卫星起旋。我国的"东方红"卫星和初期的通信卫星都是采用自旋稳定的方式。

而有些卫星在飞行时3个轴都要控制，不允许任何一个轴产生超出规定值的转动，这种稳定方式我们称之为卫星的三轴姿态稳定。在卫星的姿态控制中，有时需要它完成规定的动作，也就是按预定的程序绕着某一个轴转过一个角度，这也是控制系统的工作范围。

此外，控制的另一方面的含义就是轨道控制。那什么是轨道控制呢？前面我们已经说过，对于轨道较低的卫星，当它飞行一段时间后，由于大气的阻力，它的轨道高度逐渐降低，这就好像我们在刮风天迎风骑车一样，很吃力，时间长了，其速度就要慢下来一样。卫星与之同理，气体的阻力会使它的速度减慢、高度降低，这时就需要进行控制，给它一定的能量进行加速，使它回到原来的轨道高度，要不然卫星就有坠落的危险。

那卫星的控制系统又是由哪些部分组成的呢？典型的控制系统包括以下几个部分：

（1）敏感器部分。

科学家指出，卫星控制系统的敏感器的作用是用于测量卫星的姿态变化，其中包括卫星沿各个轴的转动角度有多大，是否超出规定的范围，它是向哪个方向转动。

资料显示，敏感器包括如陀螺、地平仪、太阳敏感器、星敏感器等部件；卫星上装有惯性定向陀螺，它始终指向空间的某一方向，当卫星的姿态正确时，卫星的3个轴的指向就正确，和陀螺的指向一致；而当卫星沿任一轴产生了转动而且超出了允许的范围时，陀螺的指向并不变，这样一来，卫星和陀螺之间就产生了姿态的误差，这种姿态的误差就会变成电信号的变化。信号的大小就反映了卫星的姿态变化量。而地平仪和太阳敏感器的道理也相似，只不过一个以地球定位，一个以太阳定位。

（2）变换器部分。

变换器部分的作用是把经过敏感器敏感测量的卫星的姿态角度的变化值

变成电信号，经过一系列地处理和放大、比较后把信号送到控制动力部分。变换器部分都是由一些复杂的电子线路组成的。

（3）控制动力部分。

当卫星的姿态产生误差后，当然不止是能够测量它，知道误差的大小和方向，最主要的是能够控制它、纠正它，使它恢复到正确的位置，而这一任务则是由控制动力部分来完成的，有时也称这部分为执行机构。在远离卫星质心的特定部位，对称地装有小发动机的喷管，这些喷管有的沿卫星的纵向安装，有的沿卫星表面的横向安装，它们都与变换器的电子线路相连；其中小发动机的动力有的采用液体燃料，而且可以多次启动；有的采用气体，利用高速的喷气产生动力。

当卫星姿态产生误差时，变换器的电子线路就发出一个控制信号，到达相应的小发动机部分，发动机接到这个信号后就动作，使燃料或气体从发动机的喷管高速喷出，根据反作用原理就产生了推力，控制整个卫星向姿态误差的反方向转动，这样就完成了一次控制动作。所以不难想象，卫星在空中飞行时，一直受到这种控制，只要有姿态误差就进行控制、调整，使卫星始终保持在正确的姿态下飞行。

事实上，卫星的控制方法是多种多样的，上面说的只是其中的一种。此外，还有利用地球的重力场的，称为重力梯度控制；有的利用地球的磁场控制等。

虽然人们都不希望卫星出现故障，但是从国内外的航天史来看，故障总是在所难免的，比如由于卫星设计得不够结实，或者是卫星材料的可靠性差，这些都容易使卫星产生故障。虽然在卫星上天前，科学家们进行了充分的预想，并且设置了不同的对策，但是智者千虑，必有一失，故障往往是难以预料的。

为了对数百千米乃至数千千米之外的卫星下达命令，这便请出了遥控系统。它就像是卫星的指挥官。那么，它是如何做到"指挥有方"的呢？

想要指挥，首先要有控制指令。由于控制指令是无线电信号，敌人有时会有意识地进行人为的干扰，使指令不能正确地接收和执行，这就会影响整个工作甚至误大事。

如果控制指令的密码或者频率被别人知道和掌握了，那就更麻烦了，别人实际上就成了卫星的"主人"。如果是返回式的卫星，就可以命令它在什么地方返回，然后回收它。

为此，卫星不是一接收到控制指令就马上执行，而是同一指令地面要发几次。同时，卫星还能区别同一个指令是不是完全一样，如果不一样，卫星可以拒绝执行。那么，一般都有哪些方面需要进行遥控呢？

在一般情况下，重要的功能动作需要进行遥控。

卫星起码在数百千米以外的太空飞行，为了可靠和准确地工作，对于至关重要的指令，不但要由卫星自己发出，也同样要由地面的遥控系统发出。

（1）切断故障仪器停止工作。在飞行中，如果有一台仪器出现故障，我们可以由遥控命令关闭它转换到备用仪器工作。

（2）修正卫星的工作时间和轨道参数。发射卫星时，由于运载火箭实际发射的轨道往往偏离原设想轨道，这时为了保证工作的准确性，要按照实际轨道，通过遥控重新注入有关数据。

（3）执行安全指令。对火箭来说，万一在发射后的飞行过程中，由于某种故障偏离正确的飞行路线，可能坠落在人口稠密的城市时，就要通过遥控把它炸毁在空中，以保证安全。

人造卫星的运动轨道取决于卫星的任务要求，区分为低轨道、中高轨道、地球同步轨道、地球静止轨道、太阳同步轨道，大椭圆轨道和极轨道。人造卫星绕地球飞行的速度快，低轨道和中高轨道卫星一天可绕地球飞行几圈到十几圈，视野广阔，并且不受领土、领空和地理条件限制。能迅速与地面进行信息交换，包括地面信息的转发，也可获取地球的大量遥感信息。曾有资料显示，一张地球资源卫星图片所遥感的面积可达几万平方千米。

在卫星轨道高度达到35786千米，并沿地球赤道上空与地球自转同一方向飞行时，卫星绕地球旋转周期与地球自转周期完全相同，相对位置保持不变。此卫星在地球上看来是静止地挂在高空，称为地球静止轨道卫星，简称静止卫星，这种卫星可实现卫星与地面站之间的不间断的信息交换，大大简化地面站的设备。

人造卫星是个兴旺的家族，如果按用途分，它可分为3大类：科学卫星、技术试验卫星和应用卫星。

（1）科学卫星是用于科学探测和研究的卫星，主要包括空间物理探测卫星和天文卫星，用来研究高层大气、地球辐射带、地球磁层、宇宙线、太阳辐射，并可以观测其他星体等。

（2）技术试验卫星是进行新技术试验或为应用卫星进行试验的卫星。航天技术中有很多新原理、新材料、新仪器，其能否使用必须在天上进行试验；一种新卫星的性能如何，也只有把它发射到天上去实际"锻炼"，试验成功后才能应用。此外，包括人上天之前必须先进行动物试验等等这些都是技术试验卫星的使命。

（3）应用卫星是直接为人类服务的卫星，它的种类最多、数量最大，其中包括：通信卫星、气象卫星、侦察卫星、导航卫星、测地卫星、地球资源卫星、截击卫星等等。

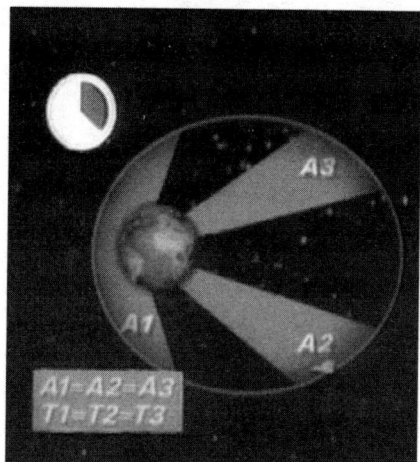

卫星轨道示意图

我们知道，每一个人造卫星均有其特定的运行轨道，并且卫星轨道与科学家设计的参数值有密切关系，也就是说假如我们精心设计各种参数值，就可以得到许多种卫星轨道。下面我们向大家介绍几种典型的卫星轨道：

大倾角椭圆轨道

这是一般卫星常用的轨道，其轨道倾角一般在50°～80°之间，卫星的近地点离地球200千米以上，而远地点离地球达数千千米甚至数万千米。可想而知，这样的卫星轨道是一个大椭圆。

这种轨道对于科学探测卫星很有用，使它能飞经地球的广大的地区，能探测到从近地面到几万千米的上空，所以可用于探测宇宙射线、地球辐射带、太阳的活动等。

太阳同步轨道

太阳同步轨道是指卫星的轨道平面在不停地围绕地球转动，而且它转动的方向和转动的角速度，与地球围绕太阳公转的方向和平均角速度保持一致。科学家指出，该种轨道的最大特点是经过地球上同一地点的时间相同。比方说，卫星上午 10 点飞经北京上空，而下一次它飞经北京上空的时间还是上午 10 点。这种轨道也很有用，可以对地球上同一地区的情况进行重复观察，比如对庄稼长势及有无病虫害的地区长期监测等。

地球静止轨道

地球静止轨道也称为地球同步轨道。当卫星在这种轨道运行时，在地球上看起来好像静止不动，所以我们称它为地球静止轨道。

事实上，卫星不是真的不动，而是因为卫星绕地球一圈的时间为 24 小时，而地球自转一圈的时间也是 24 小时，所以说卫星和地球的自转周期相同，加上它们的运行方向相同，所以在地球上看卫星就好像不动。

这种轨道的倾角为 0°，也就是说，轨道面与地球的赤道面相重合，卫星只能在赤道上空飞行。它的轨道高度为 36000 千米。

目前大多数的通信卫星和气象卫星都是采用地球静止轨道，这是因为它可以在某一个地区上空定点，使卫星的天线指向另一个固定的地区，这样就能实现两地的通信。

倘若在静止轨道上每隔 120° 放置一颗卫星的话，那么只要 3 颗卫星就能实现全球的通信。

极地轨道

这种轨道是通过地球两极的轨道。显而易见，这种轨道的轨道倾角为 90°，即卫星的轨道面与赤道面垂直。

在这种轨道上飞行的卫星可以经过地球的南北极，所以它能够覆盖全球的范围。一般来说，导航卫星和侦察卫星都采用这种轨道。

与其他航天器有所不同的是，人造卫星的运动轨道取决于卫星的任务要求，所以可分为低轨道、中高轨道、地球同步轨道、地球静止轨道、太阳同步轨道，大椭圆轨道和极轨道。人造卫星绕地球飞行的速度快，低轨道和中高轨道卫星一天可绕地球飞行几圈到十几圈，不受领土、领空和地理条件限制，视野广阔。它能迅速与地面进行信息交换，包括地面信息的转发，也可获取地球的大量遥感信息，一张地球资源卫星图片所遥感的面积可达几万平方千米。

卫星的"空调"

每到炎热的夏季，当气温达到35℃～40℃时，人们就感到很不舒服，如果温度再高，就会出现中暑等症状。这时，如果人待在有空调的地方，就不会出现这种问题。对于卫星来说更是如此，它也需要自己的"空调"。

我们知道，人造卫星在空中飞行时，所处的太空环境与在地球上十分不同，主要表现在两方面：

其一，卫星有严重的"外患"。在数百千米到数千千米的高空，只有非常稀薄的气体，太阳会直接照射到卫星的表面，卫星的温度会快速升高。而当卫星飞行到地球的另一面时，得不到太阳的热量，温度会迅速降低。

其二，卫星的"内忧"也在时时困扰着它。由于卫星的仪器设备工作时要散发大量的热，同时，还要经受地球的低温辐射。

为了解决卫星的"内忧外患"，我们在卫星上装有温度控制系统，它就像我们房间里的冷热空调，保证了卫星内部的温度保持在一定的范围内。

事实上，对卫星的温度控制的方法有很多。主要有两大类：被动式和主动式。

被动式的温度控制。在对卫星进行温度控制时不需消耗能量，只需要在卫星的内外表面上来"做做文章"，就可以控制温度。被动式的温度控制的方法是很多的，主要有外层喷涂和内层隔热。外层喷涂是在卫星外表面喷涂上不同性能的漆，使太阳的热量只有一部分能够进入卫星，而其余的全部被反射回空间；也有的卫星表面采取抛光和电镀的办法，都能起到同样的效果。内层隔热是在卫星的内表面加一个隔热层，以进一步调节控制温度。显而易见，被动式最大的优点是简单、经济，而且是在卫星上天前就已经做好，所以如果设计得好，将十分可靠。

主动式的温度控制。主动式的温度控制是在卫星飞行时，主动地加温或降温来控制温度。这很像我们家庭用的冷热空调，热了吹冷风，而冷了送热风，当然比起空调要复杂得多。主动式的温度控制主要采用卫星内部的电热丝加热来提高温度，还可以通过卫星表面的百叶窗的开关来散发热量。主动式的温度控制得精度高、范围大，但是活动的部件多，容易出现故障，所以被动式和主动式可一起采用，在运行中互相取长补短。

知识点

哈勃空间望远镜（HST）

由美国宇航局主持建造的 4 座巨型空间天文台中的第一座，也是所有天文观测项目中规模最大、投资最多、最受到公众瞩目的一项。它筹建于 1978 年，设计历时 7 年，1989 年完成，并于 1990 年 4 月 25 日由航天飞机运载升空，耗资 30 亿美元。但是由于人为原因造成的主镜光学系统的球差，不得不在 1993 年 12 月 2 日进行了规模浩大的修复工作。成功的修复使 HST 性能达到甚至超过了原先设计的目标，观测结果表明，它的分辨率比地面的大型望远镜高出几十倍。1997 年的维修中，为 HST 安装了第二代仪器：有空间望远镜成像光谱仪、近红外照相机和多目标摄谱仪，把 HST 的观测范围扩展到了近红外并提高了紫外光谱上的效率。

1999 年 12 月的维修为 HST 更换了陀螺仪和新的计算机，并安装了第三代仪器——高级普查摄像仪，这将提高 HST 在紫外—光学—近红外的灵敏度和成图的性能。

HST 对国际天文学界的发展有非常重要的影响。

牵手月球的探测器

QIANSHOU YUEQIU DE TANCEQI

月球是离地球最近的一个天体，相距有38.4万千米。天文学家早已用望远镜详细地观察了月球，对月球地形几乎是了如指掌。月球上有山脉和平原，有累累坑穴和纵横沟壑，但没有水和空气，昼夜之间温差悬殊，一片死寂和荒凉。尽管巨型望远镜能分辨出月球上50米左右的目标，但仍不如实地考察那样清楚。因此，人类派出使者最先探访的地外天体仍选择了月球。

月球探测器是对月球进行探测的无人航天器。月球探测器采用飞越月球、击中月球（在月球上硬着陆）、在月球上软着陆、环绕月球、对月球土壤进行取样分析或对月球土壤取样返回地球等多种方式探测月球。

20世纪50年代末至今，美国、苏联/俄罗斯、日本、欧洲空间局、中国和印度先后进行了月球探测，90年代以来兴起了新一轮的热潮，关注重点是月球上水冰的存在。

美丽荒凉的月球

月亮引力小吗？半个多世纪以来，苍凉的月球一直是世界各国激烈竞争

月球示意图

的最高领域，月宫舞台热闹非凡，美、苏两国你方唱罢我登台，从1958年到1976年的18年间，美、苏两国一共发射了65颗月球探测器，其中42颗成功。其间的月球探测活动经历了远距离飞越、硬着陆、软着陆、绕月飞行、登陆月球5个阶段。

月球因其与地球的距离，使它理所当然地成为人类探索太空的首选目标和迈出地球村的第一个落脚点。人类对月球的观测、探测与研究贯穿了整个人类文明的历史。

最早，人类是用肉眼观察月球，人们看到了月有阴晴圆缺，月有明暗斑驳。

后来，人们使用了望远镜。借助望远镜等其他仪器，月球的月海、高地、环形山结构被清晰地识别，精致的月面图绘制出来了，各种典型的月面特征有了地球人给取的名字。

再后来，人类发明了各种各样月球探测器。20世纪50年代以来，月球空间探测器的发射，标志着人类对月球探测活动进入了有史以来的最高峰。特别是1969至1976年间，苏联的"月球"计划、美国的"阿波罗"计划的实施，对月球正面、背面进行了详细的勘察，获取了382千克月岩，人类对月球的空间环境、地貌、地质、构造、起源与演化有了前所未有的认知。

不久的将来，人类将在月球上建设可供长期居住的基地、实验室和工厂，开发月球的能源和矿产资源，月球将成为地球的卫星城，成为地球人走进其他星球的太空码头和补给中途岛。

月　海

在地球上的人类用肉眼所见月面上的阴暗部分实际上是月面上的广阔平原。由于历史上的原因，这个名不副实的名称保留下来。

已确定的月海有22个，此外还有些地形称为"月海"或"类月海"的。公认的22个绝大多数分布在月球正面。背面有3个，4个在边缘地区。在正面的月海面积略大于50%，其中最大的"风暴洋"面积约500万平方千米，差不多9个法国的面积总和。大多数月海大致呈圆形、椭圆形，且四周多为一些山脉封闭住，但也有一些海是连成一片的。除了"海"以外，还有5个地形与之类似的"湖"——梦湖、死湖、夏湖、秋湖、春湖，但有的湖比海还大，比如梦湖面积7万平方千米，比汽海等还大得多。月海伸向陆地的部分称为"湾"和"沼"，都分布在正面。湾有5个：露湾、暑湾、中央湾、虹湾、眉月湾；沼有3个：腐沼、疫沼、梦沼，其实沼和湾没什么区别。

月海的地势一般较低，类似地球上的盆地，月海比月球平均水准面低1～2千米，个别最低的海如雨海的东南部甚至比周围低6000米。月面的反照率（一种量度反射太阳光本领的物理量）也比较低，因而看起来显得较黑。

二十四个"月球号"

1959年新年刚过，1月2日在苏联一个秘密的航天发射场，一枚由洲际导弹改装的运载火箭呼啸着直上九霄，把一个月球探测器送入太空。第二天，苏联政府宣布其成功发射的人类首枚月球探测器"月球1"号已从月球近旁飞过。这一消息震惊了世界，成为全球媒体的头版头条，苏联在美、苏月球竞赛中成功地打响了第一枪。

"月球1"号是3次发射失败之后的第四颗月球探测器，这颗361千克的探测器由"月球"号火箭发射升空，它没有停泊轨道，而是直接飞向月球，奔月速度达到11.17千米/秒。第二天，"月球1"号在距月球5995千米处从

"月球 1"号探测器

月球旁边一掠而过，随后这个探测器进入日心轨道，成为第一颗人造行星。"月球 1"号携带了磁强计、离子腔和微流星体探测装置，飞行途中，它测量了月球和地球的磁场、宇宙射线的强度，还测量到太阳发射的等离子流"太阳风"。尽管这次飞行未能实现预定的目标，但它进入了人类以前从未到达的太空领域，完成了"投石问路"的壮举。为此，苏联给它取了一个充满希望的名字——"梦想"号。

8 个月后，苏联的"月球 2"号再次升空，它对准月球飞奔而去，随后以 3.3 千米/秒的速度撞击在月球雨海东面阿基米德环形山附近的莫多利卡环形山里。巨大的能量使月岩尘土高高飞扬，最高的竟达 500 千米，飞溅最远的距离达 3000 千米，在那里留下了一个小小的圆坑。据说，在"月球 2"号接近月球的关键一刻，总设计师科罗廖夫和他的助手们都聚集在飞行控制室里，除了"月球 2"号传回的清晰信号外，控制室鸦雀无声。当 390 千克的"月球 2"号抵达月球，并与月球相撞的一瞬间，紧张的设计师们抑制不住兴奋的心情，全都跳了起来。这是人类文明史上第一次将人造物体降落在月球上，第一次在月球烙上人类社会的印迹。当距离地球 11 万千米时，它释放出 1000 克钠，形成了在太空持续了 5 分钟的金黄色钠气云，以方便地面人员的跟踪观察。它在撞到月面之前，向地球发回了有关月球没有强磁场和没有辐射带的重要数据。

"月球 2"号带去了苏联科学家送给月亮女神的"见面礼"，那是一大两小 3 块金属标牌，它们均呈正五边形，大的直径为 15 厘米，上面铸有苏联国徽及"CCCP"（苏维埃社会主义共和国联盟的俄文缩写）；两块小标牌一模一样，直径均为 9 厘米，上面印刻着 3 排俄文："苏维埃社会主义共和国联盟，1959 年 9 月。"由于有特殊的保护装置，它们至今仍安然无恙地躺在寂静的月宫中。

1959 年 10 月 4 日，是苏联第一颗人造卫星发射 2 周年纪念日。这一天，苏联人的庆祝活动再一次令世界震惊——他们发射了"月球 3"号，它的目标不再是撞击月球，而是绕到月球背面揭开月球背面的神秘面纱。"月球 3"号长 1.3 米，直径 0.96 米，质量约为 280 千克，它首次携带了 2 台焦距不同的照相机，使用了太阳能电池。经过数十个小时的飞行，最终它顺利地飞到月球背面，距离月球最近处达到 6200 千米。在进入月球背面的 40 分钟内，"月球 3"号上的两台光学相机拍摄了 29 张照片，其中的 17 张照相底片在飞行途中完成自动冲印，然后通过电视扫描转换成电视信号，再通过无线电通信装置传送回地面。尽管最后得到的照片分辨率很低，而且只覆盖了月球背面 70% 的区域，但却是人类有史以来第一次看到了月球神秘的另一面。

从"月球 3"号发回的图片中，可以看到月球背面北半球有一个直径大约 300 千米的月海，苏联人毫不犹豫地将其命名为"莫斯科海"，还把齐奥尔科夫斯基、布鲁诺、罗蒙诺夫、居里、焦耳等一些科学家的姓名赏赐给了月球背面的环形山。

1958～1960 年，苏联发射的第一代 3 枚月球探测器只有一个朴实的目的：获得足够快的飞行速度和有效的定向精度，保证它们能撞击月球或近距离飞过月球，以便向地球发回探测数据。经过 2 年的努力，这个目的顺利达到了。

在 20 世纪 50 年代末，拍摄月球背面图像并不是件容易的事情。苏联在发射"月球 3"号时，对发射时间和飞行轨道作了精心的安排，当时月球背面正值白天，使得探测器上的光学照相机可以进行拍摄。

苏联的第二代月球探测器要攻克的是月面软着陆技术，这是探月工程中最难解决的技术问题之一。

1963～1965 年，苏联先后进行了 12 次软着陆尝试，但均以失败告终，其中有 5 次飞临月球，苏联依次把它们命名为"月球 4"号至"月球 8"号。这 5 颗着陆器中的 3 颗撞毁在月球上，2 颗与月球擦肩而过。1965 年 5 月升空的"月球 5"号在准备降落的最后阶段，因制动火箭未能启动而功亏一篑，它以极大的速度灾难性地一头撞进月球，扬起的月壤形成了长 225 千米、宽 85 千米的尘云。接踵而至的是不幸的"月球 6"号，它在奔向月球的途中完成轨道修正后，没有按预定程序关闭修正轨道的发动机，最终与月球失之交臂，进入了日心轨道。重蹈覆辙的"月球7"号起初准确无误地完成了所有步骤，但最后阶段因制动火箭点火过早，推进剂提前消耗殆尽，最终失去制动力撞毁在月球的"风暴洋"中。两个月后发射的"月球8"号与"月球7"号正好相反，制动火箭启动太迟，"月球8"号尚未减低到安全着陆速度就摔在月面上，再一次上演与月球相撞的悲剧。直到1966年，"月球9"号和"月球13"号才双双降落在月球，"月球9"号成为第一个在地球以外天体上实现软着陆的人造物体。

1966年1月31日，"闪电"号运载火箭将"月球9"号送上充满期盼的征程。火箭先把"月球9"号送入200千米左右的地球停泊轨道，然后第三级火箭二次点火，将1.58吨的"月球9"号推进奔月轨道。途中，"月球9"号要不断进行轨道修正，以保证与月球相会。3天半之后，"月球9"号临近月球，在距离月球大约8300千米时，进行了姿态调整，将制动火箭发动机对准月面，然后启动着陆系统程序。2月3日，"月球9"号在距离月面75千米时"刹车"减速，从2600米/秒的高速逐渐减低下降速度，同时从底部伸出一根用来确定关闭发动机时机的5米长探针，在探针触到月面的瞬间，"月球9"号迅速关闭发动机并抛出位于顶部的卵形着陆舱，最终以6米/秒的速度降落在月球"风暴洋"上。

着陆舱设计得非常巧妙，它带有缓冲装置，被抛出后像一个有弹性的气囊，可在月球表面"蹦蹦跳跳"。当它停稳时，由4瓣组成的外壳会像花儿一样绽开，花瓣本身就是天线，花瓣里面还有4根75厘米的鞭形天线，它们一起向地球发送信息。着陆舱携带的摄像机此时伸出镜头开始拍照，7个小时后地面控制人员收到了首张来自月球表面的黑白全景照片。接下来的3天，全世界的目光都集中在月球上，"月球9"号分7次向地球传回了8小时的信息，直到3天后电池耗尽。它的成功不仅使人类第一次得到了月球表面的全景照片和局部区域的立体照片，还告诉人们：月球表面是硬的，完全不必担心登月航天员会陷进月壤之中。而此前，科学家一直担心月表的浮尘会像地面的沼泽一样，使人陷入灭顶之灾。

"月球9"号向地面传送月面图片时使用的是明码信号，一家英国银行的电台监听了这些信号并将其转换成标准图片。几分钟之后，西方媒体抢先刊登了这些月球表面的照片，苏联人对此十分生气。从那以后，苏联探测器上传回的图片都加上了密码。

1966 年底，苏联第二颗软着陆器"月球 13"号又踏上征程，它工作了 6 天，除了拍摄图片外，还携带了一种穿透器，通过测定穿进月壤的速度和深度，分析月壤的力学性质；"月球 13"号还测量了月壤密度，并通过测量着陆时与月球碰撞产生的振动波的时间和强度，获得了 20～30 厘米厚月壤的力学性质。测量的结果表明，着陆点附近的月壤呈粒状性质，并有轻微的黏性，密度约为每立方厘米 0.8 克。

为了确切了解月球重力场的分布，避免载人登月器偏离着陆点，苏联还发射了环月探测器，对月球重力场分布并不均匀的情况进行了详细探测。人类首颗环绕月球飞行的月球探测器是"月球 10"号，它在 350 千米 ×10^{17} 千米的椭圆轨道上围绕月球飞行了 460 圈。此后，苏联又发射了"月球 11"号、"月球 12"号和"月球 14"号探测器，这些月球探测器还测量了月球附近的辐射环境，包括月球表面伽马射线的强度，太阳风离子和电子通量等，它们默默地为载人月球飞行做好了准备。

"月球 10"号是一颗具有特殊使命的环月探测器。通过天体力学计算，"月球 10"号进入月球轨道后，正值第 23 届苏共代表大会的开幕式。此时，"月球 10"号奉命播放《国际歌》，当来自遥远月球的《国际歌》传到党代会现场时，5000 名代表站起来狂欢胜利。

苏联的第三代月球探测器非常了不起，它们能够自动在月面上挖土采样，并能返回地球。1970 年 9 月 24 日，苏联经历多次失败后，首次实验成功从月球上自己飞回地球的小小球形返回舱，这是"月球 16"号的杰作。返回舱里带回的 101 克月球岩石颗粒样品，使地球人第一次真真切切地见到了"天外来客"，这为苏联人又一次赢得了"第一"。不过，"月球 16"号是第二个自动取样返回探测器，先于它一年发射的"月球 15"号，不幸撞毁在月球上。"月球 16"号，质量约 5800 千克，由"质子"号重型火箭发射。它由上下两个部分组成，上面部分称为"上升级"，负责把装有月球样品的返回舱送回地球；下面部分称为"着陆级"，主要由制动发动机、游动发动机和圆柱形推进剂箱、月球样品采集装置、导航与控制系统、温度控制系统、通信系统、化学电池和缓冲着陆架等组成。它于 1970 年 9 月 12 日起程，经过 5 天的长途跋涉在月球表面软着陆。着陆级先开始工作，它伸出钻臂，露出空芯的钻管，开始采集月球样品。钻臂可以移动以避开过硬的月岩，钻头内的传感器可以测试月岩或月壤的阻力以确定钻头的转速，只用 7 分钟钻头就钻进 35 厘米深，采集了 101 克样品，然后它将含有月壤的钻管送进返回舱，并进行自动密封。随后，根据地面指令上升发动机点火，返回舱踏上返程。3 天后，在约距地球 48000 千米时，返回舱与仪器舱分离，以大约 11 千米/秒的速度进入地球大气层。由于是弹道式返回，在穿过大气层时它的前缘温度超过了 10000℃，过载达 50 克。距地面 14.5 千米高度时返回舱的降落伞打开，落地前，它发出信号，帮助地面搜索人员寻找。

"月球 16" 号发射后，苏联又先后公布了 4 个月球自动取样返回探测器，但 "月球 18" 号和 "月球 23" 号失败，"月球 20" 号因遇到坚硬的月岩只取回了 0.5 克样品，"月球 24" 号取回了 170 克样品。

1970 年 11 月 17 日，当人们的目光关注于 "阿波罗" 登月航天员时，苏联发射的 "月球 17" 号携带了世界第一辆无人驾驶月球车 "月球车 1" 号。它昼行夜伏，受了白天炽热和夜晚寒冷的严峻考验，行走了 10.54 千米，测定了 500 多处月壤表层的物理力学特性，分析了 25 个地点的月壤化学参数，拍摄了 20000 多张月面照片和 200 多张全景照片，取得了巨大的成功。它在月球上平安度过了 7230 小时，它代表了当时无人月球探测技术的最高成就。"月球车 1" 号的外形像个婴儿车，有 8 个轮子，每个轮子都分别控制，车子可前后运动和转弯。它带有能插入月壤测试物理力学性质的透度计，测定月壤化学参数的 X 射线分析仪，专门研究月表磁场特性的磁力计，用于测量地—月距离的激光反射镜，测量可见光和紫外线强度的光度计，以及接收宇宙射线和观测太阳的高灵敏度仪器，它还携带了多个获取月表图像的摄像设备。它不但能够将一些测试数据及时送回地球，还能进行一些现场分析，并将结果送回地球。

"月球车" 的电源系统设计得非常有创意。在月球车的仪器舱上有一个布满了太阳能电池的大盖子，白天，它敞开着，使太阳能电池接受强烈的太阳辐射，为蓄电池充电；夜晚，温度骤降，盖子闭合，起到保持温度的作用，并依靠放射性同位素燃料放热取暖。月球车用"放射性同位素温差发电器"作为长寿命电源，这种电源不受环境温度的影响，可以长时间放电。1971年2月9日，"月球车1"号经历了一次月食，地球挡住了太阳，3个小时内月球温度从130℃骤降到-100℃，然后又返回到136℃。

"月球车1"号走得最远的一天是第5个月球白天，即1971年3月7～20日，这一天它走了2004米；最险的是在第6个月球日，它陷入了月坑中，控制人员不得不关上太阳能电池板，让它冒险冲出那个倒霉的月坑。当它度过第11个月球之夜时，它的放射性同位素燃料耗尽了，这时它已自动考察了80000平方米的区域。

"月球车1"号之后，"月球车2"号继往开来，它在月面上生存了5个月球昼夜，行驶了37千米，发回了80000张电视图片和86张全景图片，考察的面积是"月球车1"号的4倍。苏联准备在1977年发射更加先进的"月球车3"号，但最后终止了这项计划，"月球车3"号被永久地搁置在博物馆里。

知识点

"月行者"月球车

"月行者1"号有一辆马车那样大小，车长2.2米，宽1.6米，质量756千克。车分上下两部分：上部分是仪器舱，下部分是自动行走底盘。仪器舱是由镁合金制成的密封舱，它保证仪器仪表在月球上工作时不受外部环境影响，舱内装有无线电发送和接收设备、遥控仪器、供电系统、温控系统等，还载有4台全景摄像机。自动行走底盘下装有8个车轮，车按地面指令运动。月球车的运动有两种：一种是向预定的地点行驶，另一种是在某一固定的地段内徘徊。它在月面的一切活动由地面控制中心操纵，也就是说，"月行者1"号在月球上行驶，而它的驾驶员却坐在38万千米外的地球上。

这辆月球车设计寿命为3个月，实际上在月球上工作达11个月，一直到1971年10月4日才停止行驶。在此期间，它在月面进行了4次巡游，行程10540米，考察面积达9万平方米。它在500多个月面点上进行了土壤物理测试，在25个点上进行了土壤化学分析，并拍摄了两万多张月面照片。

从"先驱"到"勘测"

　　与苏联的辉煌相比，美国的起步显得更为艰难。美国探月初期发射的 5 颗"先驱者"探测器几乎没有一个获得成功，它失败的主要原因是，火箭没有足够的推力使之达到地球的逃逸速度并送到月球轨道，虽然"先驱者 4"号勉强成功，但它飞越月球时距月球尚有近 6000 千米之遥，它的探测仪器基本没有发挥作用。

　　美国的"徘徊者"系列探测器从 1961 年到 1965 年间一共发射了 9 次，是用"徘徊者"的身躯活生生地砸向月球，利用高速撞击月球"壮烈牺牲"前的瞬间拍摄月球表面，并将拍摄的信息传送回地球，目的是获得月球形貌近距离照片，为在月面硬着陆提供参考数据。但"徘徊者"计划就像它不太吉祥的名字一样，在最初阶段遭受了巨大的挫折，前 6 次发射它们总在地月间徘徊不前均告失败，直到 1964 年 7 月"徘徊者 7"号才首次圆满完成了任务，并在撞击月球前向地面发送了

"徘徊者"号探测器示意图

4316 幅高质量的月球面照片。其中，它的最后一幅面是在距月面仅 426 米高时拍摄的，揭示了不到 1 米大小的细节。"徘徊者 8"号飞向了静海内一个平坦的区域。它发现那里的地形虽然是坡势平缓的平原，但到处都是月坑。看来，要为"阿波罗"飞船选择又开阔又没有月坑的区域是十分困难的。"徘徊者 7、8、9"号后来工作得比较顺利，它们共发回了上万幅照片。

　　"勘察者"计划是继"徘徊者"之后的一项大胆的月球软着陆计划。但"勘察者"的研制工作遇到了许多技术难题，造成了严重的进度延误。面对计划严重受阻，美国不得不将初步工作指标降低到"勘察者"飞行任务所需的最低水平——把 975 千克有效载荷送入月球轨道，并使科学有效载荷减少到

45 千克左右。该系列探测器共发射了 7 个，其中 5 个在月球上实现了软着陆，一个在修正航线时发生了滚转而失败，另一个在着陆时神秘失踪。

1966 年是月球探测好戏连台的一年。在苏联的"月球9"号率先实现月球软着陆后不到 4 个月，美国的"勘察者1"号探测器便以第二名的身份于 6 月 2 日轻柔地着陆在"风暴洋"内一块平坦地带，随后成功传回了 11240 幅图片。"勘察者1"号发现了一片点缀着无数个月坑并散布着大大小小、形状各异的岩石的地带。它没有发现很深的软土层，分析人员据此推断月面的硬度足以支撑探测器和人体。此后的一年半时间里，美国又连续发射了 6 个"勘察者"探测器，其中 4 个取得了成功。

在为"阿波罗12"号飞船寻找着陆地点的时候，美国亚利桑那大学发现了"勘察者3"号的准确降落点，借助月球图片作"向导"，1969 年 11 月"阿波罗12"号降落到离"勘察者3"号仅 180 米的地方。

1967 年 9 月，"勘察者5"号在静海一个月坑的陡峭内坡上着陆。它携带了一台阿尔法后向散射仪，该仪器对月面物质的化学成分进行了相当精确的分析，指出着陆区月表的化学成分类似于地球上的玄武岩。"勘察者5"号和"勘察者6"号在月球软着陆并完成考察任务后，还进行了发动机的瞬间点火，以试验火箭发动机会对月面产生什么影响。发动机点火后，"勘察者"飞到了距最初着陆点几米的新地点，从月面受到的侵蚀量不大这一点可以看出，发动机点火将不会给"阿波罗"飞船带来严重问题。1968 年 1 月发射的"勘察者7"号是这项计划的最后一个探测器，它成功着陆在第谷月坑正北的一片高地上。

在"勘察者1"号升空后的 2 个月，美国无人月球探测器家族的第三个成员——"月球轨道器"开始了它的环月飞行旅程。"轨道器"的任务是对"阿波罗"飞船所有可能的着陆场进行拍照，测量月球周围的流星体通量，并通过对探测器的精确跟踪来确定月球的引力场。轨道器不仅完成了所有这些任务，而且取得了其他成果。"月球轨道器1"号于 1966 年 8 月发射，它对"阿波罗"飞船的 9 个主候选着陆场和 7 个次候选着陆场进行了大量拍摄，获得了质量甚佳的中等分辨率照片，此外还获得了一些月球背面的照片以及地球和月球的斜视照片。接下来的两颗"月球轨道器"分别于 1966 年 11 月和

1967年2月发射，它们拍摄了20个候选着陆场的优质照片，再次拍摄了月球背面和其他具有科研价值的月球特征照片，另外还获得了月球地形的斜视景象。在"月球轨道器3"号所拍摄的"阿波罗"飞船候选着陆场中，还从无数个月坑之间找到了闪闪发光的"勘察者1"号。由于针对"阿波罗"计划的几项主要目标在第3次任务结束时就已基本实现，所以"月球轨道器"第4次和第5次飞行主要都用于实现更广泛的科学目标：第4次飞行期间对整个月球正面进行了拍摄，而第5次飞行则拍摄了月球正面36个有特殊科学意义的区域。此外，"轨道器"还拍摄了月球背面99%的区域，而且清晰度比此前利用地面望远镜拍摄的正面照片要好得多。

"阿波罗"飞船着陆场勘察工作取得了令人意外的结果，似乎月面上没有一处很平坦无月坑的地方，找不到符合"阿波罗"飞船着陆场最初规定的地点。因此，美国宇航局对登月训练设施进行了改造，以使航天员练习如何避开月坑，在相对平坦的地方降落。

根据"月球轨道器"获得的信息，月球附近没有对航天员安全构成威胁的辐射或流星体。通过对探测器轨道进行详细分析发现，这些轨道有轻微的摄动，表明月球的引力场是不均匀的，由此推断月球内部隐藏着一些质量密集区——"质量瘤"。这提醒"阿波罗"计划的规划人员在精确计算"阿波罗"飞船飞行轨迹时，要相应地考虑"质量瘤"引起的轨道摄动，发现和确定这些"质量瘤"，为登月舱高精度地着陆和准确交会提供了可靠性。

"徘徊者"、"勘察者"和"月球轨道器"是值得信赖的先遣队，它们为"阿波罗"飞船的载人飞行打下了良好的基础，美国人从此有了足够的信心，"阿波罗"出风头的时机终于来临了。

20世纪80年代，美国第一个踏上月面的航天员阿姆斯特朗应邀访问中国，在谈话中，他说了一句玩笑话："第一个住进月宫的是一位中国的美女，她叫嫦娥；而第一个踏上月球的却是一个美国男人，那就是我。"他对"嫦娥"的发音有些搞不准，但他知道，在古老的东方国度里，嫦娥的地位如同西方人尊崇的月神阿尔忒斯，她是世界上最早住进月宫里的仙女，并从远古一直"活"到了今天。

软着陆

人造卫星、宇宙飞船等在降落过程中，逐渐减低降落速度，使得航天器在接触地球或其他星球表面瞬时的垂直速度降低到很小，最后不受损坏地降落到地面或其他星体表面上，从而实现安全着陆的技术。例如，通过推进器进行反向推进，或者改变轨道利用大气层逐步减速，或者利用降落伞降低速度。一般来说，每种航天器都是通过多种减速方式共同作用进行减速，达到软着陆的目的。

相对于软着陆，物理上的硬着陆一般是指航天器未减速（或未减速到人员或设备允许值），而以较大速度直接返回地球或击中行星和月球，这是毁坏性的着陆。

"嫦娥"奔月

嫦娥奔月的传说，最早见于战国初期的《归藏》一书："昔嫦娥以西王母不死之药服之，遂奔月为月精。"到了汉代刘安编的《淮南子览冥训》，又把它演绎了，嫦娥的故事便更富有了波澜跌宕的情节。故事大意是，远古时代天上出现了 10 个太阳，烤得大地冒烟、河水断流、大海枯干，百姓眼看无法生活。这件事激了一位名叫后羿的英雄，他登上昆仑山顶，打开神箭，一气射下了 9 个太阳。后羿成了一位盖世英雄，受到了百姓的拥戴。一位聪颖美丽的姑娘名叫嫦娥，她嫁给了射日英雄后羿为妻。一天，因后羿射日有功，王母娘娘奖给他 2 颗仙丹，说是两人分吃可长生不老，一人独吃会升天漫游。嫦娥按捺不住遨游天庭的好奇之情，偷吞了全部仙丹。结果，药性发作，身体变轻，不由自主飘飘悠悠进了月宫。嫦娥因此被罚，变成了蟾蜍，并被罚捣药。这个神话有悖于月亮美好的形象，也不符合人们对美好事物的追求，后来民间又把这个版本进行了升级。升级后的故事说，嫦娥"性巧而贞静好洁"，为了反抗无道的夏王太康，毅然抛弃薄情的丈夫，飞奔月宫，成为月宫之神。她居住的宫殿名叫广寒宫，但广寒宫里非常寂寞，常年做伴的只有捣药的玉兔和被罚去砍桂树的吴刚。为此，嫦娥非常后悔，怀念人间纯真质朴的生活，但为时已晚。后来唐代大诗人李商隐作诗叹道："云母屏风烛影深，长河渐落晓星沉。嫦娥应悔偷灵药，碧海青天夜夜心。"嫦娥奔月不仅是中华民族，也是人类最早的登月幻想。除了各种文献，20 世纪 70 年代初在长沙马王堆一号汉墓出土的帛上，也绘有嫦娥奔月图，可见这个神话至少在公元前200 多年就已在民间广为流传。

从神话到现实，中国老百姓的感情世界受到了 2 次触动。一次是 1969 年7 月，圣洁的广寒宫里进去了 2 位捷足先登的洋人男士，不仅在宫门上插上了美国国旗，还挖回了一包又一包的月宫之土。另一次是 1978 年 5 月，美国总统安全事务顾问布热津斯基代表卡特总统向中国赠送了一块月岩样品和一面美国航天员带上月球的中华人民共和国国旗。

那还是 1978 年 5 月 28 日中美建交的前夕，美国派遣国家安全事务顾问布热津斯基来访问中国，顾问先生受到了当时中国最高领导人——党的主席和国家主席华国锋的接见，作为见面礼，布热津斯基带来了卡特总统向中国送上的一份珍贵的礼物——一块从月球上带来的石头，指尖般大小，铸在一个类似于凸透镜的有机玻璃盒内，重量仅仅 1 克；还有一面美国航天员带上月球的中国国旗，国旗也是小小的。

在美国华盛顿航空航天博物馆入口处的大厅内，有一块月岩切片安放在玻璃下面，旁边的一块牌子上写着："请摸一摸月亮！" 1979 年，邓小平同志访问美国期间参观了博物馆，他十分好奇地摸了一下这块月岩。该博物馆馆长幽默地说："先生，您摸到月球了！"

当年，"阿波罗"登月航天员带回月球实物样品后，美国曾邀请了 20 几个国家的 700 多名科学家开展了样品分析和研究实验，并对首度揭开的奥秘进行理论总结。那几年里，他们每年都在约翰逊航天中心举办一次会议，交流各自的新发现。然而，20 世纪 70 年代正是中国"史无前例"的时代，与国外的交流少而又少，中国科学家没有机会参与这项世界性的科研课题。那么，卡特总统送来的这块月岩的来历如何？能读懂它？中央领导问国内科学水平最高并见多识广的中国科学院："有人在研究月球？"中科院回答说，全国搞天体岩石的研究人员很少，但有人在搞，他叫欧阳自远，是地球化学所的，在贵阳呢。美国人没有提供这块石头的"出生证明"，也没有说明它的身世经历，好像是故意留下了一个谜。

美国航天员已到月球上去过6次了，"阿波罗11"号、"阿波罗12"号、"阿波罗14"号、"阿波罗15"号、"阿波罗16"号、"阿波罗17"号都去过，连同苏联月球探测器带回地球的一共带回了382千克的月岩和月壤。这是哪一次采集的，采自月球的什么地点呢？

样品很快从北京安全地送到了贵阳。拿到样品，欧阳自远请来了全国大约近百名各方面研究专家，并制定了详细的研究计划。1克样品虽然很少，但对于做研究来说已足够。欧阳自远想得很周到，来自月球的石头，应该让公众亲眼看到。于是，他只取了一半的石头拿来研究，另一半他送到北京天文馆让大家观赏。北京天文馆把剩下的半克月岩镶嵌在透明的有机玻璃里，珍藏了起来。至今，在北京新落成的天文馆里，人们还能清楚地看到当年保存下来的另外半克月岩的风采。

欧阳自远列出了详细的分析鉴定清单，征集全国的研究力量，看有本事做哪项工作。当时有十几家研究所、100多名专家参加了研究，他们先对月岩做了非破坏性测试与研究，最后才做破坏性的测试与研究，包括矿物成分、结构构造、化学成分、微量元素、物理性质、产出环境，研究的内容涉及岩石学、矿物学、主量元素、微量元素、碳14中子活化分析、放射化学中子活化分析、质子激发X射线分析、火花源质谱、电子探针及电子能谱测试等，只要当时能做的测试，他们都做了。

最后，中国科学家不但证明了这块月岩属美国"阿波罗17"号飞船登月时采集的高钛月海玄武岩样品，指出了美国专家对它的具体编号，分析出其主要矿物含量为：辉石51.5%、斜长石25.7%、钛铁矿21.4%，还确认了这块石头所在的地方是不是有阳光的照射。在此后2年的时间里，中国科学家发表了12篇论文，详细的分析结果得到了美国专家学者的确认和钦佩。

"美国人赠送月岩样品，其实也是在探测我们的测试能力和研究水平，虽然这话没有明说，但我们的研究结果还是让美国人很信服。"欧阳自远说。

事实上，中国学者自20世纪60年代中期开始，就对月球的空间环境、地形地貌、矿物类型、地层划分、火山与岩浆活动、大地构造、撞击坑的分布与年龄、月球与地月系统的起源与演化历史进行了系统的综合分析研究，并一直跟踪国际月球探测的研究进展，编写了《月质学研究进展》、《天体化学》等专著。

20世纪70年代，国内有些单位曾提出过要不要搞深空探测，要不要搞载人航天。当时，政府考虑到中国是一个经济还不富裕的发展中国家，没有能力也没有必要花费巨资到月球上去，最重要的还是解决目前老百姓的生计问题，发展航天高技术造福人民应当是很长一段时间里的发展宗旨。所以周恩来总理提出，头脑不要发热，"先把地球上的事办好"。从这一宗旨出发，中国根据自己的国情，坚持有所为有所不为，集中力量解决国民经济和社会发展面临的难点、热点问题，把工作的重点放在了通信卫星、气象卫星等应用卫星的研制和发射上，以加快振兴经济、造福人民的步伐。

但是作为站在科学前沿的科学家们并没有闲下来，探月的技术论证工作也一直没有偃旗息鼓。

"长征3"号甲运载火箭的研制，给中国探月方案孕育了最初的机遇。为了发射我国新型广播通信卫星，"长征3"号甲运载火箭的研制提上了日程。1986年2月，这项任务作为"新三星一箭"（"东方红3"号通信卫星、"风云1"号气象卫星、"资源1"号卫星和"长征3"号甲运载火箭）国家重大项目之一，列入了国家"七五"计划。在向国务院申报立项的报告中，火箭被正式命名为"长征3号甲运载火箭"。3月31日，国务院批准立项，"长征3"号甲运载火箭的研制工作自此拉开了帷幕。

1990年1月，日本发射了一颗小小的"飞天号"月球探测器，一跃而成世界上第三个发射月球探测器的国家。时任国家科委主任的宋健同志给中国空间技术研究院的院长打电话，关切地询问："研究院是否可以组织一下探月的论证。"随后，研究院安排了研究。不久，航空航天部也召开了探月专题讨论会，部署从技术上探讨探月的可行性。此时，发射通信卫星的"长征3"号甲运载火箭正在研制中，首枚火箭的试验性发射不能直接发射用户的通信卫星，但是又不能空发一枚火箭，那么发射什么卫星呢？1991年，中国运载火箭技术研究院提出研制一颗模拟星，模拟星没有通信卫星的具体功能，但重量、接口与以后要发射的"东方红3"号通信卫星基本一致。在论证时，技术人员发现火箭飞向月球的速度要求是 11 千米/秒左右，最低要求是 10.9 千米/秒，而"长征3"号甲运载火箭飞向地球同步转移轨道的速度已达到了 10.2 千米/秒，速度差得不多。只要再增加一点速度，飞向月球应该没有太大的问题。火箭的技术性能清楚了，大家很兴奋，他们琢磨着设计一个有意义的金属物体，上面绘有中国国旗或地图，并取名为"探月1"号，然后用火箭送到月球上去。"探月1"号到达月面，就等于在月球上贴上了一个中国标签，并可以永远地将其"烙"在月球上，即使是一个铁疙瘩，它也毫不含糊地表示，中国人已触摸到了月球！这是多么扬国威、鼓志气的事。

火箭技术人员还找了中国空间技术研究院、北京航空航天大学、西北工业大学、南京大学等一起探讨。当时的方案是，用火箭直接把重约 1.4 吨的飞行器送到近月轨道，然后借助月球引力把它吸上月面。月球的半径为 1730 多千米，它对近旁的飞行器有较强的引力作用，经过计算，只要飞行器飞入距月球 3000～5000 千米的轨道，脱靶小于 6000 千米，就有可能击中月球。看来，再努把力，"长征3"号甲运载火箭的运载速度和运载能力是能胜任的，当时科技人员提出的预算费还不到 500 万元。

就在这批人忙碌于搞月球轨道设计时，另一批人在思考，即使技术方案做出来了，轨道精度也达标了，但是发射一个铁蛋蛋到月球上去干什么呢？这个问题的提出，给搞火箭技术研究、月球轨道研究的人涂了一点清凉油，他们只想着不叫火箭空载飞行，确实没有深入地考虑到月球上去干什么，也没有后续工作的具体计划。

毕竟一项科学工程不能光靠头脑发热的冲动，不能搞没有长期打算和规划的一锤子买卖。所以国家有关部门没有批准"长征3"号甲运载火箭发射月球卫星的计划，原因很简单：月球探测的科学目标不系统、不明确，也没有连续性。

1994 年 2 月 8 日，"长征3"号甲运载火箭攻克了 100 多项新技术和技术关键，首次飞行试验获得圆满成功，将"实践4"号科学探测卫星和"夸父1"号模拟卫星送入预定轨道。当年 11 月 30 日再次发射，将"东方红3"号通信卫星准确地送到预定的地球同步转移轨道。1 年之内，取得发射双连冠的佳绩，在当时我国航天发射中并不多见。但是，"长征3"号甲运载火箭却十分遗憾地与月球擦肩而过。当年执笔《"长征3"号甲运载火箭首发飞行试验飞向月球方案》的余梦伦院士，十几年后回想往事，仍有遗憾之感。

载人航天工程上马后的1995年，又有一次机会来临了。发射"神舟"飞船的运载火箭是在"长二捆"火箭的基础上改进而成的。当时火箭研制、生产的进度比较快，1997年左右，火箭便可以做一次试验性发射。1997年正值香港即将回归，这枚试验火箭发射时是否搭载一颗月球卫星？不甘冷却的月球梦再度萌发并燃烧起新的激情，火箭研制人员再次提出，利用运载火箭的试飞往月球上发送一个具有简单功能的月球探测器，并提出了一个简易的月球探测方案。考虑到首次发射没有多少经验，目标定得也比较低：确保硬着陆，力争软着陆；月球探测器重量7743千克，月面着陆质量1500千克；在飞抵月球的过程中，向地球传输月球彩色图像和探测结果；在月面上留下永久的中国标记，放置激光反射器；在月面上工作3小时以上，传回周围月面图像及测量数据。

当时，这个方案也叫"嫦娥工程"，由于对月球探测尚未提出一个完整的发展规划，缺乏长期和有深度的科学探测目标，而且国家的航天技术基础还没有像今天这样扎实，科学研究的价值不十分明显，导致这个报告被国务院领导否决了。

航天白皮书的味道

从热情冲动到理智缜密，月球探测的论证在经历了2次反复后更加务实了。

20世纪90年代初，继美国和苏联之后，日本也向月球送上了一份礼物，骄傲地成为了世界第三个"月球国家"。1995年，时任"863"计划航天领域首席科学家的闵桂荣院士等人有点坐不住了，他们不无忧虑地看到，在人造卫星、载人航天和深空探测这航天科技3大领域中，深空探测至今还是我国的空白点。他们的忧虑不再是出于单纯的政治竞争，更多的是想到了在未来空间资源的分享中，作为一个发展中大国的人权和利益。因为他们在研究国际航天活动的发展趋势的时候，发现了一条清晰的脉络，人类的航天活动在经历了空间技术的研究应用阶段之后，必然地要走向空间环境的研究和利用阶段。于是，他们再一次郑重地提出了"中国也要搞月球探测"的建议，并组织成立了"863月球探测课题组"，期望把月球探测作为深空探测的起点加以推动。

在给国家的报告中他们写道："我国已掌握卫星技术、运载火箭技术、测控网技术和发射技术，我国有一支实力雄厚的卫星技术研制队伍和空间科学研究队伍。我们对月球探测器和月球科学跟踪研究了多年，因此，我国开展月球探测活动条件已完全成熟。"

1995年，来自中国科学院地球化学所、空间科学应用中心和中国空间技术研究院的欧阳自远、叶自立、陈康文、褚桂柏和林文祝等专家经过1年的工作，完成了第一个较完整的月球探测可行性报告。他们通过分析国外月球探测活动发展状况，研究了我国开展月球探测的必要性，提出我国月球探测的项目与任务，论述我国开展月球探测已具备的条件，提出开展月球探测发展阶段设想和第一阶段月球探测的科学目标，第一颗月球卫星的方案设想。他们在报告中写道："我国在航天的3大领域中（卫星、载人航天、深空探测）一直到20世纪90年代还只发展了2个领域，深空探测仍属空白。开展月球探测活动不仅能壮国威，提高民族的凝聚力，了解月球，深化人类对地球、太阳系以及宇宙的起源与演化的研究和认识，而且月球上丰富的核聚变燃料氦-3将是各国未来解决能源危机必争的对象。"

1996年，中国空间技术研究院的《月球卫星技术方案可行性研究》和《月球卫星工程关键技术研究》已勾出我国未来的月球卫星的总体轮廓。

1997年4月，中国科学院院士杨嘉墀、王大珩、陈芳允以"863"计划的名义发表了《我国月球探测技术发展的建议》。

20世纪90年代末，在中国的探月历史舞台上悄悄地出现了一个重大转机。

1998年，我国实施了政府机构的重大改革，国务院成立了新的国防科学技术工业委员会（简称国防科工委），并内设国家航天局。作为航天工业的国家主管部门，国防科工委成立伊始，就出现在月球探测规划论证的前台。它以高效的管理、有力的措施，迅速组织精兵强将推进探月工程的论证，随后带来了一连串振奋人心的好消息。

著名的航天专家栾恩杰研究员被任命为国防科工委副主任兼国家航天局局长。上任伊始，他感到了巨大压力。面对制定"中国航天的发展规划"这一重大责任，一个问题始终在这位专家型官员的大脑中萦绕盘旋：中国的航天应该包括什么？今后 10 年、20 年中国航天的发展蓝图应该怎么样？栾恩杰心中非常清楚，在中国航天的发展历程中，如果不能用发展的眼光去看问题，没有突破和创新，就不会有中国航天的辉煌，这使他陷入深深的思考之中。

许多中国航天人和栾恩杰同样，都感受到了一种无形的压力。在参加国际会议时，他们看到，各国政要、科学家关注的不再是生产多少枚火箭，而是加大航天应用的力度，填补空间科学的空白；航天大国也不再关注制造多少颗卫星，而是谈论怎样飞往火星，去探索宇宙的起源、太阳系的变化、天体现象和生命科学的关系、宇宙环境对地球的影响等等。在这样变化了的形势下，中国航天如果不抓住新的时代脉搏、提出新的任务，不改变旧的"航天"概念，我国与先进航天国家的差距将会越来越大。

中科院的"香山会议"是一个常能冒出思维火花和智慧之光的意识流聚宝盆。1998 年的金秋，香山的红叶披着灿烂的阳光，迎来了又一个中科院的科学会议。科学家们明显地感到中国已拥有了成熟的火箭技术和卫星技术，却没有独立的空间科学探测计划，与国际上方兴未艾的宇宙探索热相比，这是一个致命的空缺，他们呼吁政府以国家计划的形式，尽快对"深空探测"处女地的开发进行规划。

中国航天经过近 40 年的发展，从初创时期的白手起家到"两弹一星"，从应用卫星到卫星应用，再到载人航天，一步一个脚印，一步一次创新。航天宽阔、开放的领域早已突破了单纯"航天技术"的狭义概念，在人类即将踏入 21 世纪时，栾恩杰和他的同事们终于不失时机地提出了涵盖空间技术、空间科学、空间应用 3 大领域的"大航天"概念。他们把空间科学纳入"大航天"之中，表达了中国航天人进军月球、太阳系乃至整个宇宙的雄心，抒发了中华民族对人类发展应有所贡献的壮志。在这里，中国航天领域的战略家们，以远见卓识的目光和"大战略"思维，开始谋划中国航天飞向深空、探测月球的美好远景；开始考虑推动以月球探测为主的深空探测活动，并通过重大工程来带动技术的创新和发展。

1999 年，"863" 计划专家组再次组织了月球探测目标研究，中科院还作了《中国空间科学发展战略》的研究。经过长期研究和缜密思考，科学家们对我国月球探测工程的科学目标也基本形成了比较清晰、统一的认识。2000年 8 月，中科院组织的专家论证会顺利地评审通过了"月球探测卫星科学目标及有效载荷"这项研究成果，标志着中国探月一期工程的科学目标被正式确立。所确定的科学目标有 4 项，即绘制全月面的三维立体影像图；分析月球表面 14 种元素的含量和分布；探测月球土壤的厚度；探测月地空间环境。2001 年，"发射绕月卫星"第一期科学目标和有效载荷配置通过了国家评审。

2000 年 11 月，国务院新闻办公室以政府文告白皮书的形式向全世界公布了中国航天的发展政策和目标，这份《中国的航天》白皮书的出台，特别是"开展以月球探测为主的深空探测的预先研究"这句话的公开披露，立刻引起了敏感的中外媒体的猜测——中国要探月了！此后的一两个月里"中国探月"一直是媒体上出现频率最高的字眼。

此时中国航天科技集团公司组织的"我国开展月球探测的概念性研究"课题组正在做着扎扎实实的基础研究工作。课题组组长是德高望重的空气动力学专家庄逢甘院士，他带领一批科技精英根据我国的国情和现有技术力量，提出了我国探月的科学目标、开展一期工程的总体方案、实施该方案的现有能力评估、探月工程中的关键技术难点、工程研制进度和费用预算。他们研究的成果成为了后来向中央汇报的立项报告的蓝本。与正式立项的版本有所不同的是，2002 年课题组提出的月球探测工程最初"版本"是分 5 步走（现在是 3 步走）：第一步，发射探月卫星；第二步，实现月球软着陆；第三步，月面巡察采样并返回；第四步，2020～2030 年实现载人环月轨道飞行、载人登月；第五步，2030～2050 年与有关国家共建月球基地。课题组还对第一步"发射探月卫星"做了工程预算，大约需要投资 11 亿元（实际立项时费用预算为 14 亿元）。也许是考虑到工程的可行性及方方面面的承受能力，有关部门把课题组提出的前 3 步作为探月工程的一、二、三期工程，即绕、落、回，写入了给国家的立项报告，至于后 2 步，他们认为可以留待以后根据世界科技的发展趋势再决定。

2002 年金秋十月，中央专委（中央研究重大工程的专门委员会）第三次会议上朱镕基总理以他惯有的务实精神，批示道："要抓紧探月工程的论证工作，力争赶在印度前面探月。"

2003 年 2 月，国防科工委召开了月球探测工程筹备动员会，确定了 3 人筹备领导小组，正式全面启动月球探测工程前期工作。

2004 年 1 月 23 日农历大年初二，是一个值得在中国历史上留下重大印记的日子，探月的轮廓在一次次缜密的描绘中一节节浮出水面。这一天，新一届国务院总理温家宝批准"嫦娥"绕月工程立项，而且对后续工程，总理也作了批示："建议纳入国家科技长远规划编制工作中充分论证。"

有了国家层面的高度重视，工程的组织工作就顺畅多了。国防科工委请出德高望重的"两弹一星"功勋、中国航天科技集团公司高级顾问孙家栋院士负责协调构建工程框架。

此时，孙院士召集了全国航天工程技术人员和月球科学家之精华，对探月一期工程——绕月探测进行了为期 2 年多的综合论证。这项论证是整个工程的关键，实现月球探测是一项非常复杂的系统工程，怎样在我国现有的技术水平和有限的费用条件下，实施这一复杂的多学科高技术集成的系统工程是一项巨大的挑战。只有完成科学的综合论证，才能使探月的科学目标通过可以实施的工程变成现实。这不仅包括工程的总体方案和 5 大系统的确定，还包括各部分系统之间的协调与组织；在综合论证中，不但要选择使用哪种运载火箭、卫星平台，还要解决怎样实现 38 万千米距离的精确的测控，选取怎样的奔月轨道等各种工程技术和理论问题。在 1 年多的综合论证中，孙家栋院士结合中国航天技术的实力，集思广益，把众多的复杂问题像剥笋一样层层剥开，然后去掉细枝末节，详细分析，直到抓住真正的技术核心问题并提出可行的技术思路。在探月一期工程的综合论证中，最令人担心的是我国的深空测控能力不足。以前，我国航天器飞行的最远距离是距地球 7 万千米，我国的航天测控这只"手"最远也只能抓到这么远，那么利用现有的设施能否追踪上 38 万千米外的月球探测器，便成为了最大的难题。经过 2 年多的努力，孙院士带领一批专家足迹踏遍千山万水，数据分析千遍万遍，克服了重重困难，最终落实了技术方案：用现有的载人航天测控网，再加上中国科学院北京、上海、昆明天文台组成的天文观测网——甚长基线干涉测量系统，可以完成绕月探测器的测控任务。

深入的综合论证还表明，发射绕月探测器完全可以采用我国现有的火箭和卫星平台，从而用最成熟的技术、最可靠的性能和最低的成本来发射中国的首枚月球探测器。运载火箭将利用"长征3"号甲火箭现有成熟的技术加以适应性修改，以满足绕月飞行条件。绕月探测器将使用"东方红3"号卫星平台，并安装探月专用仪器；发射场选择中国的3大发射场之一——西昌卫星发射中心；测控任务则由航天测控网和天文观测网联合承担。

有了明确的大政方针，中国的探月工程开始驶入快车道。国防科工委迅速组织各有关研究院所开展相关技术的预先研究，各单位热情高涨，中国科学院、中国航天科技集团公司等许多单位都自筹资金开展了攻关研究，提前投入到预先研究中，为立项后顺利开展研制工作奠定了基础。

此后，国防科工委组建了探月工程中心，探月论证的领衔人物，工程总指挥栾恩杰、总设计师孙家栋、月球探测应用首席科学家欧阳自远，迅速建立了整个指挥线和总师线，各下属研究机构也成立了相应的研究部门，在统一协调下，大家"拉开架势"迅速到位展开了工作。

2007年10月，"嫦娥1"号开始了她激动人心的奔月之旅。

中国首个月球探测器——"嫦娥1"号月球探测器

"嫦娥1"号是中国自主研制并发射的首个月球探测器。该探测器以中国古代神话人物"嫦娥"命名。

"嫦娥1"号月球探测器

资料表明，"嫦娥1"号主要用于获取月球表面三维影像、分析月球表面有关物质元素的分布特点、探测月壤厚度、探测地月空间环境等。整个"奔月"过程预计需要8~9天。"嫦娥1"号发射成功，使得中国成为世界第五个发射月球探测器的国家地区。

SHENQIDEYUZHOUKONGJIANTANCEQI

　　"嫦娥1"号是中国的首颗绕月人造卫星，由中国空间技术研究院承担研制。"嫦娥1"号平台以中国已成熟的"东方红3"号卫星平台为基础进行研制，并充分继承"中国资源2号卫星"、"中巴地球资源卫星"等卫星的现有成熟技术和产品，进行适应性改造。卫星平台利用"东方红3"号卫星平台技术研制，对结构、推进、电源、测控和数传等8个分系统进行了适应性修改。数据资料显示，"嫦娥1"号星体为一个2×1.72×2.2米的长方体，两侧各有一个太阳能电池帆板，完全展开后最大跨度达18.1米，重2350千克。有效载荷包括CCD立体相机、成像光谱仪、太阳宇宙射线监测器和低能粒子探测器等科学探测仪器。

　　专家指出，"嫦娥1"号月球探测卫星由卫星平台和有效载荷两大部分组成。"嫦娥1"号卫星平台由结构分系统、热控分系统、制导，导航与控制分系统、推进分系统、数据管理分系统、测控数传分系统、定向天线分系统和有效载荷等9个分系统组成。这些分系统各司其职、协同工作，以保证月球探测任务的顺利完成。

　　根据中国月球探测工程的4项科学任务的需要，科学家们在"嫦娥1"号上搭载了8种24台科学探测仪器，重130千克，即微波探测仪系统、γ射线谱仪、X射线谱仪、激光高度计、太阳高能粒子探测器、太阳风离子探测器、CCD立体相机、干涉成像光谱仪。

　　为了保证完成月球探测工程任务，对承担卫星发射任务的"长征3"号甲火箭进行了41项可靠性的设计工作，以提高其运载可靠性。

　　"嫦娥1"号探月卫星发射成功在政治、经济、军事、科技乃至文化领域都具有非常重大的意义。

　　从政治领域来看，"嫦娥1"号发射成功体现了中国强大的综合国力以及相关的尖端科技，是中国发展软实力的又一象征，表明了中国在有效地掌握和利用太空巨大资源、实现科研创新、凝聚民心、增强国家竞争力等一系列远大目标的决心与行动。"嫦娥"奔月的成功，还将意味着在国际空间开发和探测上，中国必将占有一席之地并且具有发言权。这也是中国在发射"嫦娥1"号探月卫星后，要求成为国际空间站第17个成员国的原因所在。

　　而从经济领域来看，"嫦娥1"号探月卫星的发射成功将带动信息、材料、能源、微机电、遥科学等其他新技术的提高，对于促进中国社会经济的发展和人类社会的可持续发展具有重要意义。同时，月球上特有的矿产资源和能源是对地球上矿产资源的补充和储备，将对人类社会的可持续发展产生深远的影响。月球表面具有极其丰富的太阳能，月壤中蕴藏的丰富的氦－3也能提供新型核聚变的材料，应用前景广阔。

从军事领域来看，"嫦娥1"号探月卫星的发射成功表明我国的导弹打卫星和激光摧毁卫星的技术已经日臻成熟。虽然这次"嫦娥1"号卫星没有携带任何与军事有关的设备，但是中国的运载火箭可以在发射出现故障时实施紧急关机，飞船和卫星可以在外太空实施数次变轨，当卫星发生故障，可以用弹道导弹或者激光予以摧毁，显示我国如果要在外太空实现军事用途也并非难事。

从科技领域来看，它将促进中国航天技术实现跨越式发展和中国基础科学的全面发展。月球探测将推进宇宙学、比较行星学、月球科学、地球行星科学、空间物理学、材料科学、环境学等学科的发展，而这些学科的发展又将带动更多学科的交叉渗透。目前中国科学家对月球的了解和认识往往依赖于他国提供的材料，这样就丧失了许多研究月球的机会。

从文化领域来看，"嫦娥1"号的发射成功具有重要的启蒙意义。探月给人类本身带来了社会发展理念的"颠覆性改变"，人类第一次将思维与身躯同时挣脱地心引力的束缚，进入到地球以外的无限宇宙空间中，实地接触了月球表面，人类之前所摸索出的各种科学理论得到部分验证或反证。人类文明编年史从国家疆域、地球视野进入到"光速世界"，堪称又一大跨越。

"嫦娥"奔月的成功带给中国人的是加快发展的坚定信心，就如当年中国爆炸原子弹之后全世界华人的欣喜。中国历来都是一个大国，可是中国却在很久以前丢掉了自己的强国地位。每一次成功带来的国家强大的希望对于中国人都是激励，这种激励又进一步刺激了新的成功，获得巨大的民族动力。"嫦娥"奔月所带来的攻坚精神、创新意识都成为了全民的宝贵精神财富。"嫦娥"奔月是举国关注的公共事件，通过媒体以各种形式传播"嫦娥"奔月的科普知识、时代意义，公众接受了氛围良好的爱国主义教育和科学启蒙。

知识点

月球三维图像

　　月球三维图像是中国第一个探月卫星"嫦娥1"号所描绘的月球表面照片，是由 CCD 立体相机获取的影像数据，经三线阵数字摄影测量处理制作而成。2009 年 9 月 28 日，中国首次月球探测工程全月球三维数字地形图通过专家评审。这是目前（截至 2009 年 9 月 28 日）国际上精度最高的全月球三维数字地形图。

　　这幅全月球三维数字地形图是目前（指 2009 年 9 月）国际上覆盖全月球、平面与高程的分辨率最高、数据精度最高的月球三维地形数据，将极大地促进对月表形貌的特征、规律与成因的研究，推动月球构造与区划的科学厘定，深化对月球地质及其演化历史的认识，并为后续月球探测工程的科学目标设计、有效载荷配置、关键技术要求和工程保障条件等奠定重要基础。

飞向金星

FEIXIANG JINXING

　　有人称金星是地球的姊妹星，确实，从结构上看，金星和地球有不少相似之处。

　　金星是全天中除太阳外最亮的星，亮度为 −3.3 至 −4.4 等，比著名的天狼星（除太阳外全天最亮的恒星）还要亮 14 倍，犹如一颗耀眼的钻石，于是古希腊人称它为阿佛洛狄忒（Aphrodite）——爱与美的女神，而罗马人则称它为维纳斯（Venus）——美神。在《圣经》里，金星象征黎明代表路西法。

　　金星和水星一样，是太阳系中仅有的两个没有天然卫星的大行星。因此金星上的夜空中没有"月亮"，最亮的"星星"是地球。由于离太阳比较近，所以在金星上看太阳，太阳的大小比地球上看到的大 1.5 倍。

　　人类对太阳系行星的空间探测首先是从金星开始的，苏联和美国从 20 世纪 60 年代起，就对揭开金星的秘密倾注了极大的热情和探测竞争。迄今为止，发往金星或路过金星的各种探测器已经超过 40 个，获得了大量的有关金星的科学资料。

金星之上

金星比地球略小，半径为地球半径的 0.96 倍，质量为地球质量的 0.82 倍，密度为地球密度的 0.96 倍，是最类似地球的大行星。它绕太阳公转周期为 224.7 天，平均运行速度为 34.99 千米/秒，最近时离开我们只有 4100 万千米，因此，它是距离地球最近的一颗行星。金星亮度仅次于太阳和月亮，在黎明前出现时，称它为启明星，在黄昏出现时，称为长庚星，所以它又是人们最熟悉并能用肉眼观看到的天空中最明亮的一颗行星。金星也像地球一样自转，但速度极慢，自转 1 周需用 243 个地球日；更奇特的是自转方向和地球自转方向相反，是太阳系内唯一逆转的大行星。在金星上望太阳，太阳从西方升起，落在东方。金星周围有一层浓密的大气，里面云雾弥漫，阻挡了人们的视线，科学家从地面用望远镜看不清金星的真面目。因此，在自动航天器应用微波雷达技术就近考察之前，人类对金星的了解很肤浅。雷达不受云雾影响，通过发射脉冲信号探测，能获取金星表面信息并在自动航天器上形成清晰图像再传送回地球，科学家就能把金星表面看得一清二楚了。

自从 1961 年 2 月 12 日苏联首次发射金星探测器以来，20 多年的时间里，苏美两国先后发射了 30 个金星探测器，其中有 21 个成功地对金星表面进行了综合考察；有一批探测器进入轨道成为金星的人造卫星，并有若干个着陆舱对金星表面实现了软着陆，对金星的土壤、岩石样品和云层进行探测，向地球发回了大量宝贵的资料和照片，揭开了金星的许多奥秘，增进了人类对金星的认识。

考察确定，金星具有地球上的许多地质结构特点，它的地貌和地球一样复杂和多姿多彩。60% ~ 70% 的金星表面覆盖着极古老的玄武岩平原。金星上耸立着 4 大高原。最高的麦克斯韦尔峰高达 11600 米，比周围地区高出 3000 米，比地球上最高的珠穆朗玛峰高出近 1/2。

金星大气主要由占其 97% 的二氧化碳和少量氦、氖、氮和水蒸气组成。金星 25 千米厚的二氧化碳大气层阻挡 75% 的金星热辐射，由此而产生的温室效应使金星表面温度达 470℃，大气压力高达 90 个地球大气压。探测信息表明，金星和地球一样，不同区域有不同的大气压力和温度，但都在 90 个大气压和 475℃ 上下浮动。

在金星大气中发现氩-40 和氩-56，并测出其准确比例为 200∶1，这说明金星和地球存在亲缘关系的说法是有道理的。关于金星表面太阳光照强度，自动摄像机向地球传回的分辨率很高的图像显示，金星上很明亮，它本身是黄褐色的，布满多层浓云的天空是橙黄色的。

美国和苏联都用雷达测绘了金星表面地形图，测绘面积占金星表面积的 90%，可以说，对金星的一系列探测，已初步揭开了它的面纱。到目前为止，金星是人类了解最多的一颗大行星。

然而，科学家对金星的探测与研究，意犹未尽。他们认为获得的金星表面雷达图像清晰度、分辨率还不够理想，无法解答令科学家着迷的一些问题。例如，如果说金星和地球有亲缘关系，那么，它的表面是否也像地球一样分裂成移动的地壳板块呢？金星显然已成为无法控制的温室效应的牺牲品，那么，人类生存的地球是否也会面临与金星同样的厄运？"先驱者"号、"金星"号探测器发现金星上可能曾经有过水，那么，金星上是否有河床和海滩？据苏联金星着陆舱传回地球的信息，金星经历的侵蚀远比地球少，因此我们有可能把金星作为研究对象来了解地球早期大陆形成的情况。

有鉴于上述种种问题，美国决定研制新一代金星探测器，即"麦哲伦"号金星探测器。它已于 1989 年 5 月由"亚特兰蒂斯"号航天飞机在太空释放，并在 1990 年 8 月 10 日和金星交会，进入了离金星表面最高点为 8028 千米、最低点为 249 千米的金星椭圆形轨道。它大约每 3 小时零 9 分钟绕金星运行 1 周。每次飞过轨道的低点部分时，探测器将直径为 3.6 米的碟形天线指向金星表面并发射雷达探测脉冲，摄取面积为 16100 千米长、24 千米宽的区域的一幅幅金星表面照片。"麦哲伦"号金星探测器预计将环绕金星飞行 2000 圈，用 243 个地球日（金星自转 1 周）完成对金星 90% 以上面积的测绘工作，它的雷达系统将透过云层揭开金星的面纱，获得迄今为止最详细的图像，其分辨率足以发现金星上一个足球场那样大小的物体。

现在"麦哲伦"号探测器已经测绘完 90% 以上的金星表面积，发回的照片表明，金星存在着活火山熔岩流、陨石坑、沙丘、高耸的山岭和巨大的峡谷。科学家通过它的探测要对金星进行天文地球动力学研究，例如板块构造以及研究与地球相关的问题。对金星资料的进一步研究与分析正在进行中，不久科学家们将会向人们提供更多的金星研究成果。

金星上能住人吗

初看起来，这个问题似乎提得太矛盾了。人类若要在金星居住，起码要有氧气、水和适宜的温度，少一个条件也不行。然而对金星的探测已经表明，它不具备这些条件，不能住人似乎也是顺理成章的。

人类有着勇往直前的探索精神，也有着改造宇宙的想象力和创造力，常常把不可能的事情变为可能。人类总是不能安分守己，想离开地球到别的星球去旅行，甚至寻找地域之外的文明。然而已经弄清楚，除地球外，在太阳系内不可能在其他行星上有高级文明，于是科学家在太阳系之外寻找有生命或文明存在的星球。现在已经找到了地球之外有生命存在的某种证据。波兰天文学家亚历山大·沃尔什察恩不久前首次观测到太阳系之外的行星系统，美国国家航空航天管理局帕萨迪纳研究所的天文学家证实了这一发现，他们还同时观察到8个环绕恒星旋转的行星系统。由于类同于太阳系的行星系统的发现，地球之外有高级文明存在的可能性增加了。但是，这个行星系统距地球约450光年，要到那里去旅行是不可能的，人类还要在我们的太阳系内想办法，去旅行和寻找新的居住地。要记住人类有着改造宇宙的能力，目前的太阳系行星不能住人，但可以对行星进行改造呀！面对着和地球最相类似又最近的近邻金星，科学家们想出了某种可能的办法，认为金星上可以住人。

科学家们计划借助于火箭，向金星上的二氧化碳云层投入大量的蓝绿海藻。在地球上科学家已用实验证实，蓝绿海藻在金星目前情况下仍能继续生存下来，而且仍能大量地繁衍生息。海藻能吸收碳而释放出氧。它们繁衍迅速，约在百年的时间里就可将金星上二氧化碳消除殆尽。当氧大量增加时，便会对金星产生惊人的作用。

随着二氧化碳被氧取代，一直被阻挡着而积聚在二氧化碳云层之下的红外线辐射，将会在太空中散逸，大气层下部的气温将随之而降低，这样空气中的水蒸气便会很快凝聚而开始降雨。最初，雨水会在金星上空大气层中被汽化，到达不了金星的表面，虽然如此，它会产生极为重要的作用，会使金星地面的温度降低大约35℃。这样，在以后雨水就会接连降下，直到地面的温度降至70℃左右。尔后，大雨就会冲刷金星的表面，原云层也会逐渐消失，留下含氧充足的大气层，气温还会继续下降到足以使不怕高温的从地球上来的动植物得以生存下来，那时的金星就成为太阳系中的可以住人的第二个地球。地球人将经常在地球与金星之间进行星际旅行了。由于和地球一样，金星有含氧充足的大气层包围，在金星居住不易受到外来陨石袭击，这要比在月球和火星上生活安全得多。

知识点

金星凌日

由于水星、金星是位于地球绕日公转轨道以内的"地内行星"。因此，当金星运行到太阳和地球之间时，我们可以看到在太阳表面有一个小黑点慢慢穿过，这种天象称之为"金星凌日"。

天文学中，往往把相隔时间最短的两次"金星凌日"现象分为一组。这种现象的出现规律通常是8年、121.5年，8年、105.5年，以此循环。据天文学家测算，这一组金星凌日的时间为2004年6月8日和2012年6月6日。这主要是由于金星围绕太阳运转13圈后，正好与围绕太阳运转8圈的地球再次互相靠近，并处于地球与太阳之间，这段时间相当于地球上的8年。

"先锋""金星"的命运

1978年5月20日和8月8日，美国又先后发射两个"先锋"号探测器，第一个进入金星轨道，最近距离只有150千米，不断向地面传回观测到的情况；第二个则有4个子探测器在金星上着陆，其中一个撞击金星后未损坏，继续在灼热的金星表面上工作了68分钟，取得了实地考察数据。探测结果表明，金星表面犹如一个巨大的温室，几乎没有风，由于它周围有着厚厚的二

"先锋"号探测器示意图

氧化碳大气层，温度高达 470℃。金星与地球的物理参数相似，有充足的二氧化碳，但却无水，上面不可能存在生命。

1961 年 1 月 24 日，苏联进行了一次金星探测器的试验性发射，发射后没多久探测器便失去控制。科研人员连夜奋战，改进了一大批设备，并且大胆采用了一些新开发的电子器件。同年 2 月 12 日，苏联发射了第一个金星探测器"金星 1"号，它重 643.5 千克，装有 2 块太阳能电池帆板和一根直径为 2 米的折叠式抛物面天线。可是后来"金星 1"号经过 1 个半月的飞行，3 月 27 日在距离地球 756 万千米时无线电通信中断了。此后，经过 2 个月的飞行，"金星 1"号于 5 月 19 日飞到距金星 10 万千米的地方，只可惜无法将探测结果传回地球，可谓徒劳无功。

1965 年 11 月 12 日和 15 日，苏联又发射了重 963 千克的"金星 2"号和"金星 3"号探测器，它们携带有电视摄像系统和考察宇宙空间的全套仪器。然而令人遗憾的是，这次"双保险"计划最终也以失败而告终："金星 2"号于 1966 年 2 月 27 日在距金星 2.4 万千米处掠过时通信中断；而"金星 3"号在 1966 年 3 月 1 日接近金星时遥测中断，至今无法证明着陆舱是否抵达金星表面。

虽然接连失败，但苏联并不灰心。科研人员根据金星上有浓厚的大气层以及靠近太阳的情况，估计其附近的环境极为恶劣，因此对新探测器的着陆舱进行了特别设计。1967 年 6 月 12 日，"金星 4"号发射升空，它重达 1060 千克，其中着陆舱的重量就达到 383 千克，外表还包着一层很厚的耐高温壳体，以便能承受得住 20 个大气压。为了在金星上找水，还在着陆舱底部的探头上涂抹了一层白糖，如果有水的话白糖就会溶化。经过大约 3.5 亿千米的远途飞行，"金星 4"号终于进入了金星大气层。然后着陆舱与探测器分离，降落在距金星表面白昼黑夜交界线 1500 千米的地方。但金星大气的压力和湿度要比预想的高得多，所以着陆舱降落到金星表面时损坏了，未能发回在金星上探测到的信息。

1969 年 1 月 5 日和 10 日发射的"金星 5"号和"金星 6"号，分别于当年的 5 月 16 日和 17 日抵达金星，测量了金星大气，但同样没能发回金星表面的资料。

苏联探测金星首次成功的探测器是 1970 年 8 月 17 日发射的"金星 7"号，它重达 1180 千克，其中着陆舱约占了 1/2。"金星 7"号于当年 12 月 15 日在金星软着陆成功，这时地球与金星之间的距离为 6060 万千米。"金星 7"号测得金星表面的温度为 447℃，气压为 90 个大气压，大气密度约为地球的 100 倍。"金星 7"号是第一个到达金星实地考察的人类使者。

在继"金星 7"号之后，苏联又相继发射一系列金星探测器，均取得重大成果。

"金星 8"号于 1972 年 3 月 27 日发射，并于当年的 7 月 22 日降落在金星表面，透过传回的图像可以得出金星上很明亮；在随后的 1975 年 6 月 8 日和 14 日苏联又接连发射了"金星 9"号和"金星 10"号，在当年的 10 月 22 日和 25 日，分别进入不同的金星轨道，成为环绕金星的第一批人造卫星，并各拍摄了一幅金星全景照片，首次向人们展露出金星的容颜；1978 年 9 月 9 日和 14 日发射的"金星 11"号和"金星 12"号的着陆舱均在金星表面实现了软着陆，并在金星大气中发现了氩-40 和氩-56，准确地确定它们的比例为 200:1，由此可以证明，金星和地球存在"亲缘关系"。

20 世纪 80 年代，人们对金星的探测更加深入，而探测器携带的仪器也更加先进，从而能更加清楚地探测金星。苏联于 1981 年 10 月 30 日和 11 月 4 日发射的"金星 13"号和"金星 14"号，在 1982 年双双飞到金星身旁。"金星 13"号的着陆舱利用特制的钻孔装置钻进金星土层 3

金星全景照片示意图

厘米深处，取出 1 立方厘米的样土，对土壤进行了精确的化学分析，首次获得土壤成分的测定结果。

除此之外，"金星 13"号和"金星 14"号还拍摄了 4 幅金星表面彩色照片。照片上显示金星场景是：一片荒凉的大地上，散乱地分布着棱角分明的大石块，地面披着橙褐色的"彩衣"，近旁有红褐色的石块点缀其间。在远方地平线上，露出一片橙色的天空，仿佛大地沉浸在睡梦之中。这里没有水，没有草和树，更没有飞禽走兽。

1983 年 6 月 2 日和 7 日升空的"金星 15"号和"金星 16"号，均未携带着陆舱。它们历经 130 个昼夜，分别于当年 10 月 10 日和 14 日进入金星的卫星轨道运行。之后每天用雷达高度计对 160 千米宽、8000 千米长的区域进行扫描，绘制了北纬 30°以北约占金星表面 1/4 的金星地形图。

▶▶ 知识点

计数器

计数器有电离室计数器、正比计数器 、盖革－米勒计数器 、闪烁计数器、切伦科夫计数器、半导体探测器等等。它的目的主要是用来记录粒子的数目。一般要求计数器具有一定的时间分辨率，即先后两个粒子射入计数器可分辨的时间。通常计数器与定标电路和符合电路联合使用。

定标电路是一种将脉冲计数进制的电路，通过计数器与定标电路的联用，可对粒子快速计数 ；符合电路是将两个或两个以上的计数管同电子线路配合而成，它可以专门记录那些使计数管协同动作的粒子，而对于只使一个计数管动作的粒子不作反应，从而记录所需寻找的粒子。

"麦哲伦"的成功

在苏联疯狂研制和发射"金星"号系列探测器的同时，美国人也加快了研制"水手"号探测器的步伐。

1962 年，匆忙制造出的"水手 1"号和"水手 2"号在经过简单的地面试验后便被送上了发射台。7 月 22 日，美国满怀希望地发射了"水手 1"号，但发射后不久它便偏离了方向。为避免落入苏联手中，美国人只好将其引爆。

1962 年 8 月 27 日，"水手 2"号发射升空，当年 12 月 14 日从距金星34800 千米处飞过，探测到了金星的大气温度，从而拉开了人类探测金星的序幕。尽管美国对这个"第一"大肆渲染，但由于设计上的缺陷，"水手 2"号的光学跟踪仪、太阳能电池帆板、蓄电池和遥测系统都出了故障，只是粗略地对金星进行了探测。

在此之后，"水手"号探测器又 2 次对金星进行了探测。1967 年 6 月 14日发射的"水手 5"号，飞到距金星只有 4000 千米的地方；1973 年 11 月 3日发射的"水手 10"号，携带有紫外线分光仪、磁力计、粒子计数器和电视摄像机等，它于 1974 年 2 月 5 日飞经距金星 5760 千米处拍摄了几千幅金星云层照片。

美国"水手"号系列探测器对金星的考察只能算作"走马观花"。为进一步揭开金星面纱，美国又于 1978 年 5 月 20 日和 8 月 8 日先后发射了 2 个"先驱者—金星"号探测器。

"先驱者—金星 1"号探测器在 1978 年 12 月 4 日进入金星轨道并成为其卫星。它和金星的最近距离只有 150 千米，共对金星高层大气进行了 244 天的探测，探测了 97% 的金星表面，并用雷达测绘了金星表面地形图。"先驱者—金星 2"号有 4 个子探测器在金星上着陆，其中一个撞击金星后未损坏，继续在灼热的金星表面工作了 68 分钟，取得了实地考察数据。

"先驱者—金星"号的探测结果表明，金星表面犹如一个巨大的温室，几乎没有风。由于金星周围有着厚厚的二氧化碳大气层，故其温度高达470℃。金星与地球的物理参数相似，有充足的二氧化碳，但没有水，上面不可能存在生命。

1989 年 5 月 5 日，"麦哲伦"号金星探测器在美国肯尼迪航天中心由"亚特兰蒂斯"号航天飞机携带升空。当航天飞机飞越太平洋上空时，"麦哲伦"号从航天飞机货舱内释放出来，约 1 小时后，推力达近 4 万千克的两级"惯性顶级"火箭将其送上前往金星的轨道。"麦哲伦"号是美国 11 年来发射的第一个从事星际考察的探测器，也是从航天飞机上发射的第一个担负这种任务的探测器。

"麦哲伦"号金星探测器示意图

资料表明，这次"麦哲伦"号探测器主要考察任务是：更多地了解金星的地质情况，如表面构造、电特性等，并加以分析，研究火山和地壳构造以及形成金星表面特性的原因，更多地了解金星的物理学特性，主要是其密度分布和金星内部的力学特性，进一步了解金星表面物理学方面的知识。

而事实上，此次"麦哲伦"号探测器科学考察要进行以下几项实验项目：使用高分辨率的雷达，在243天（金星自转1周）的飞行中，对90%的金星表面连续成像；测量金星表面高度的外形，绘制金星全球地形图，其分辨率相当于合成孔径雷达距离鉴别力；确定金星重力场的特性。

数据资料显示，"麦哲伦"号探测器是一个重约5559千克，采用三轴稳定的航天器。从外形上看，探测器的顶部是推进系统，其中主要包括球形固体火箭。而中间是多面棱柱体的仪器舱，在其表面装有温度控制窗以及扫描器、平衡航等，2个短形的太阳能电池帆板如同2把扇子插在探测器的"腰间"；探测器的底都是大型抛物面形的高低频增益无线。

资料表明，探测器上的电力由2个太阳能电池帆板和2个镍－氢电池组提供，2个太阳能电池帆板的面积总计约12.6平方米，它始终朝向太阳，在航天器对金星探测时，可提供1029瓦的电能。而其推进系统则是采用星-48型固体火箭发动机，它可为探测器进入金星轨道提供动力。该星-48型发动机总重约1820千克，推进剂重约1718千克，壳体重102千克，装药比为0.94。为适应不同推力的需要，发动机可以调整装药量及其性能，装药量可以增加15%，推力可达约7000千克。

该"麦哲伦"号探测器上采用了先进的合成孔径雷达，其主要作用是成像，但也进行辐射测量等。其特点是精度高，可以 360 米以上的分辨率测绘金星，这样高的精度是以往探测金星的航天器所没有的。而该探测器的扫描宽度为 25 千米，高频增益天线直径为 3.7 米，该天线的作用是：或供合成孔径雷达使用，或用于向地球发送数据。资料表明，该雷达系统重 163 千克（天线除外）。除此之外，探测器上还装有 1 台测高仪，也使用高分辨率测量金星。另外，探测器上还携带有备用系统，万一出了差错，其备用的合成孔径雷达，低频增益天线以及计算机软件将重新调整并核查探测器系统。为了保证探测器安全可靠，其上还安装了 2 种星载错误保护系统装置，一种用于针对姿态控制，一种用于针对除姿控外的各种错误。姿控监测系统进行的全系统"健康"检查能查出造成反常现象的原因，并能确定补救方法。其他故障则由"麦哲伦"号指令与数据系统中的计算机软件做个别处理。

1994 年 10 月 12 日，被誉为最成功的星际探测飞船"麦哲伦"号金星探测器与地面失去最后的无线电通信联系，在过去的 5 年 5 个月时间内一直跟踪这艘无人驾驶宇宙飞船运行的美国科学家为此而在手臂上戴上了黑纱。

尽管探测器的实际状况已经无从获知，但根据其飞行轨迹测算出的结果显示，"麦哲伦"号还在飞行，只是运行高度将不断降低。最终将在金星大气压力的作用下分裂成数块碎片，最早将会在 1994 年 10 月 14 日落到温度高达 500℃ 的金星表面上。

"麦哲伦"号自 1989 年 5 月由航天飞机释放进入太空并于次年 8 月接近金星以来，已围绕该行星飞行 15018 周，运用能够透视金星云层的先进雷达对其 98% 的地貌全景进行了测绘，发回的数据在数量上超过此前其他探测器发回数据的总和。

对于失去这样一艘在飞行最后阶段都为人类空间探测事业作出贡献的宇宙飞船，美国航天局的科学家不无惋惜之情。喷气推进实验室的工作人员向新闻界承认，这是一个令人伤感的时刻。不过，伤感之余，他们还为"麦哲伦"号之行的圆满成功感到兴奋。

航天飞机

航天飞机又称为太空梭或太空穿梭机，是可重复使用的、往返于太空和地面之间的航天器，结合了飞机与航天器的性质。它既能代表运载火箭把人造卫星等航天器送入太空，也能像载人飞船那样在轨道上运行，还能像飞机那样在大气层中滑翔着陆。航天飞机为人类自由进出太空提供了很好的工具，它大大降低了航天活动的费用，是航天史上的一个重要里程碑。

奔向火星的探测器

BENXIANG HUOXING DE TANCEQI

　　人类使用空间探测器进行火星探测的历史几乎贯穿整个人类航天史。几乎就在人类刚刚有能力挣脱地球引力飞向太空的时候，第一个火星探测器也开始了它的旅程。最早期的探测器几乎都失败了，而火星探测也就是在一次又一次的失败中不断前进。

　　火星是太阳系八大行星之一，按离太阳由近及远的次序排列为第四颗。在太阳系八大行星之中，火星也是除了金星以外，距离地球最近的行星。大约每隔 26 个月就会发生一次火星冲日，地球与火星的距离在冲日期间会达到极近值，通常只有不足 1 亿千米，而在火星发生大冲时，这个距离甚至不足 6000 万千米。火星冲日意味着这时可以使用较小花费将探测器送往火星，因此人类的火星探测活动通常也会每隔 26 个月出现一次高潮。

　　到目前为止，火星是除了地球以外人类了解最多的行星，已经有超过 30 枚探测器到达过火星。它们对火星进行了详细的考察，并向地球发回了大量数据。同时火星探测也充满了坎坷，大约 2/3 的探测器，特别是早期发射的探测器，都没有能够成功完成它们的使命。但是火星对于人类却有一种特殊的吸引力，因为它是太阳系最近似地球的天体之一。火星赤道平面与公转轨道平面的交角非常接近于地球，这使它也有类似地球的四季交替，同时，火星的自转周期为 24 小时 37 分，这使火星上的一天几乎和地球上的一样长。

火星有生命吗

　　火星是太阳系由内向外数的第四颗行星，属于类地行星，直径为地球的一半，自转轴倾角、自转周期相近，公转一周则花两倍时间。在西方称为战神玛尔斯，中国则称为"荧惑"。橘红色外表是因为地表的赤铁矿（氧化铁）。火星基本上是沙漠行星，地表沙丘、砾石遍布，没有稳定的液态水体。以二氧化碳为主的大气既稀薄又寒冷，沙尘悬浮其中，每年常有尘暴发生。火星两极皆有水冰与干冰组成的极冠，会随着季节消长。

　　火星的表面有很多年代已久的环形山，但是也有不少形成不久的山谷、山脊、小山及平原。环形山的成因有很多，如陨石撞击坑、火山口。

　　在火星的南半球，有着与月球上相似的典型的环状高地。相反地，它的北半球大多由新近形成的低平的平原组成。这些平原的形成过程十分复杂，南北边界上出现几千米的巨大高度变化。形成南北地势巨大差异以及边界地区高度剧变的原因还不得而知（有人推测，这是由于火星外层物增加的一瞬间产生的巨大作用力所形成的）。最近，一些科学家开始怀疑那些陡峭的高山是否在它原先的地方。

　　火星的内部情况只是依靠它的表面情况资料和大量有关的数据来推断的。一般认为它的核心由半径为1700千米的高密度物质组成；外包一层熔岩，它比地球的地幔更稠些；最外层是一层薄薄的外壳。相对于其他固态行星而言，火星的密度较低，这表明，火星核中的铁（镁和硫化铁）可能含有较多的硫。

　　如同水星和月球，火星也缺乏活跃的板块运动；没有迹象表明火星发生过能造成像地球般如此多褶皱山系的地壳平移活动。由于没有横向的移动，在地壳下的巨热地带相对于地面处于静止状态。再加之地面的轻微应力，造成了岩石凸起和巨大的火山。但是，人们却未发现火山最近有过活动的迹象。虽然火星可能曾发生过很多次火山运动，可它看来从未有过任何板块运动。

　　火星上曾有过洪水，地面上一些小河道，十分清楚地证明了许多地方曾受到侵蚀。在过去，火星表面存在过干净的水，甚至可能有过大湖和海洋。但是，由于火星引力小，水蒸发成气体，这些东西只存在很短的时间，而且据估计，距今也有大约40亿年了。这些显示曾经有水的地方不是由流水经过而形成的，它是由于外壳的伸展和陨石以及小行星的撞击，伴随着岩石凸起而生成的。

火星的早期与地球十分相似。像地球一样，火星上几乎所有的二氧化碳都被转化为含碳的岩石。但由于缺少地球的板块运动，火星无法使二氧化碳再次循环到它的大气中，从而无法产生意义重大的温室效应。因此，即使把它拉到与地球距太阳同等距离的位置，火星表面的温度仍比地球上的冷得多。

火星的那层薄薄的大气主要是由剩余的二氧化碳（95.3%）加上氮气（2.7%）、氩气（1.6%）、微量的氧气（0.15%）和水汽（0.03%）组成的。火星表面的平均大气压强大约700帕（比地球上的1%还小），但它随着高度的变化而变化，在盆地的最深处可高达900帕，而在奥林匹斯山脉的顶端却只有100帕。但是它也足以支持偶尔整月席卷整颗行星的飓风和大风暴。火星那层薄薄的大气层虽然也能制造温室效应，但那些仅能提高其表面5℃的温度，比我们所知道的金星和地球的少得多。

火星的两极永久地被固态二氧化碳（干冰）覆盖着。这个冰罩的结构是层叠式的，它是由冰层与变化着的二氧化碳层轮流叠加而成。在北部的夏天，二氧化碳完全升华，留下剩余的冰水层。由于南部的二氧化碳从没有完全消失过，所以我们无法知道在南部的冰层下是否也存在着冰水层。这种现象的原因还不知道，但或许是由于火星赤道面与其运行轨道之间的夹角的长期变化引起气候的变化造成的。或许在火星表面下较深处也有水存在。这种因季节变化而产生的两极覆盖层的变化使火星的气压改变了25%左右。

对于火星上是否存在过生命，"海盗"号探测飞船获得的信息使科学家得出了否定的结论，这未免使人有些失望。

苏联的专家对美国科学家关于火星上没有生命存在的论点提出怀疑。第一，他们认为探测飞船着陆舱着陆点是两个偶然点，在它的表面很难发现什么。第二，探测方法本身不完善。举例说，利用单个仪器也不可能在地球南极就地发现生物活动。如果把标本取回放在温暖的地方，给微生物提供大量生长条件，可能会发现生物活动。现在知道，尽管地球南极的严酷气候条件十分接近火星，但那里仍然蕴藏着生命。所以苏联专家认为目前还不能排除在火星上发现某种生命原始形态的可能性。

不论是美国还是俄罗斯科学家，下一步的目标是把火星标本带回地球，利用一切最完善的科学手段对它进行研究。"海盗"探测飞船所绘制火星表面详图，将为今后发射载人火星飞船选择最好的着陆点。

> 知识点

美国国家航空航天局

美国国家航空航天局，英文 National Aeronautics and Space Administration，简称 NASA，台湾译作"美国国家航空暨太空总署"，是美国负责太空计划的政府机构。总部位于华盛顿哥伦比亚特区，拥有最先进的航空航天技术，它在载人空间飞行、航空学、空间科学等方面有很大的成就。它参与了包括美国"阿波罗"计划、航天飞机发射、太阳系探测等在内的航天工程，为人类探索太空作出了巨大的贡献。

火星探测

第一个成功飞越火星的太空船——"水手4"号探测器

资料表明，"水手4"号是一系列以飞越方式进行行星际探险中的第四个，并且是第一个成功飞越火星的太空船。它传回了第一张火星表面的照片，并且是第一张从除了地球以外另外一个行星上拍的照片。与此同时，这张充满了陨石坑、死寂世界的照片，震惊了全科学界。

"水手4"号的任务除了执行近距离火星科学观测，并将结果传回地球，其他的任务目标还包括在火星附近执行行星际的地表及粒子测量，并为长途星际飞行的工程技术提供经验及知识。

"水手4"号太空船由八角形镁合金结构组成，对角线长度为1270毫米，高度为 457 毫米。上面有 4 个长度为 6.88 米的太阳能面板，与此同时，还置有一直径为 1168 毫米的高增益碟形天线，而另一个低增益全向天线则置于高增益天线旁的一个 2235 毫米高天线杆上。该太空船总高度为 2.89 米。太空船底部的中间有一个置于扫描平台上的电视相机。该飞船的八角形框架里容纳了电子器材、缆线、中

"水手 4"号火星探测器示意图

途推进系统及姿势控制气体供应调节器。而大部分的科学仪器置于框架的外面。科学仪器，除了电视相机之外，还有磁力计、尘埃侦测器、宇宙射线望远镜、太阳等离子侦测器及离子室（盖格计数器）。

　　而该探测器的电力来源则是由 4 个 170 厘米×90 厘米的太阳能面板里的 28224 个太阳能电池提供。该电池可以给探测器提供 310 瓦电力。除此之外，探测器里还装有一个可充电的 1200 瓦/小时的银—锌电池，可作操纵及备份用。该探测器的姿势控制由置于太阳能板底部及 3 个回转仪的 12 个冷氨气喷嘴提供。

　　通讯装备由一个双 S 频 7 瓦的发射器及一个单接收器组成，可由低、高增益天线以 $8^{1/3}$ 或 $33^{1/3}$ 位元/秒速度传送及接收资料。有趣的是，资料也可储存于一个容量为 5.24MBits 的磁带记录器上，稍后再传送也可以。由于火星上昼夜温差很大，所以科学家们在研制该探测器时，便想到了其温度控制，而事实上该探测器的温度控制则是由可调整的天窗、多层隔热毯、铝护罩及表面处理达成。

　　该探测器成功地执行了所有规划的活动，并且回传了有用的资料。在后来的 1964 年 12 月 7 日，姿势控制系统里的气体已经用完了，随后的 12 月 10 日及 11 日发生了 83 次有记录的微陨石撞击，造成高度扰动及信号强度的降低。1967 年 12 月 21 日，与"水手 4"号失去联络。

科学家们由探测器发回的资料分析得出，由于陨石坑与薄大气层显示出一个相当不活跃的行星，所以在火星上找寻智慧生物的希望基本上破灭了。我们知道，火星上的生命曾经是几个世纪以来科幻小说的主题，但在"水手4"号任务后，一般便开始认为如果火星上有生命，它大概会以更小、更简单的形式存在。

第一个环绕火星的太空船——"水手9"号

"水手9"号是美国宇航局的太空探测卫星，作为"水手"号计划的一部分，其目的也是用于探索火星。

"水手9"号探测器示意图

"水手9"号于1971年5月30日发射飞向火星，并于同一年11月14日抵达，成为第一个环绕除了地球以外行星的太空船——仅仅小幅度领先苏联的"火星2"号及"火星3"号，它们都在一个月之内抵达。经过好几个月的沙尘暴后它终于传回令人惊讶的地表清晰照片。

"水手9"号在设计上延续进行了"水手6"号及"水手7"号的大气研究，并且绘制了超过70%火星地表，并且是以之前火星任务都未有的最低高度（1500千米）及最高分辨率（1千米/像素×100米/像素）。

"水手9"号携带的仪器酬载与"水手6"号及"水手7"号相似，但因为控制太空船进入火星轨道需要较大的推进系统，所以导致它的重量比"水手6"号及"水手7"号加起来还重。

资料显示，当"水手9"号抵达火星时，大气布满了灰尘使地表模糊不清。"水手9"号的电脑也因此暂停了绘制地表的任务，直到几个月后沙尘暴停止才开始正常工作。数据资料表明，"水手9"号总计在轨时间为349天，"水手9"号一共发回了7329张照片，涵盖了超过80%的火星地表。照片揭露了火星上的河床、陨石坑、巨大的死火山（如奥林匹斯山，太阳系中最大的已知火山）、峡谷（包括水手谷，超过4000千米长）、风与水的侵蚀作用及沉淀、锋面、雾以及其他。与此同时，火星的 2 个小卫星佛伯斯及帝摩斯也有照片。"水手 9"号任务的发现成为了后来维京人计划的基础。巨大的水手谷峡谷系统因"水手 9"号的成就而命名。

1972 年 10 月 27 日，"水手 9"号在用完姿势控制气体后结束了运作。不过，"水手 9"号目前仍在火星轨道上，至少到 2022 年都能保持稳定轨道，在此之后这艘太空船将会进入火星大气层中。

不辱使命的"海盗"兄弟

事实上，"海盗"兄弟的唯一任务是在火星上寻找生命。这种探索大部分是通过 3 种方式来实现的：对火星表面广大区域进行高分辨率照相；分析火星大气的结构和成分；对登陆车采集的火星土壤标本进行化学实验。

"海盗 1"号和"海盗 2"号探测器的着陆地点是科学家们精心选择的，被认为是最有希望找到生命的地方。"海盗 1"号选择火星北部克莱斯平原着陆，而"海盗 2"号降落在火星北部的乌托邦平原。二者正好在北部极冠附近遥遥相对。

1975 年 8 月 20 日，"海盗 1"号在佛罗里达的堪培拉海角发射升空。探测器于 1976 年 6 月 19 日进入火星的轨道，着陆装置于 1976 年 7 月 20 日在 Chryse 平原斜坡着陆成功。

它着陆不久，便投入到了寻找火星微生物的工作中去了。（因为人们仍在争论火星上是否

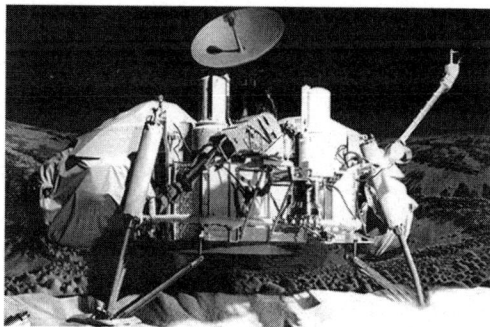

"海盗 1"号火星探测器

有生物存在），并发回了难以置信的周景全彩色图。科学家们由此才知道原来火星的天空是略带粉红色的，并非是他们原先所想的暗蓝色，而后科学家们分析认为，火星的天空是粉红色主要是因为稀薄大气中的红色尘粒反射太阳光所致。

除此之外，"海盗 1"号上的仪器还采用生物学实验的方式在火星土壤中

发现了奇特的化学元素，但并没有确凿的证据表明火星上存在生命或其他的有机化合物。很明显，这颗行星的表面是贫瘠荒芜的。但是，这种说法在20年后受到了挑战，因为美国宇航局宣称，针对落在地球表面的火星岩石进行的研究最终发现了微生物化石。

"海盗2"号火星探测器

1975年9月9日，"海盗2"号发射成功，并于1976年8月7日进入了火星轨道，1976年9月3日触地于乌托邦平原。在它着陆过程中，对火星大气进行了分析，首次发现那里含有少量对生命至关重要的元素——氮。"海盗2"号着陆时，正值火星北半球的冬季，火星北极冷得足以使二氧化碳冻结为干冰。登陆车在火星上的黎明时分记录到了 -85℃ 的低温，下午

3点半记录到的最高温度是 -29℃。它还记录到54千米/小时的风速，这相当于地球上的7级风。它先后完成同它姐妹探测器一样的任务，并意外地记录了一次火星地震。"海盗2"号登陆车还分析了火星土壤样品，获悉它们亦如地球土壤那样，主要由硅酸盐构成。硅酸盐由硅和氧加上各种金属组成。地球土壤含铝量甚高，含铁量较低。火星土壤则相反，含铁多而含铝少，这使火星土壤呈现出独特的红色。

1982年11月11日，"海盗"着陆器1号做了最后一次数据传输，该探测器的控制者们花了6个半月仍然无法同它恢复联系。全部任务于1983年5月21日结束。

"火星观察者"号出师不利

1992年9月25日，"火星观察者"号发射成功，按计划，其使命是重新拍摄火星地貌。但实际上，它这次是在重复几项"海盗"号的拍摄工作。不过，它拍摄图像的分辨率要高得多，它携带的照相机能拍摄出每个像素代表1.4米实际距离的图像。比起"海盗"号照相机拍摄的每个像素代表50米的

图像，这是个极大的改进。

然而，"火星观察者"号刚要进入轨道时便遭到了失败。1993年8月21日，当"火星观察者"号还有不到3天时间就将到达火星时，它与地球失去了全部通讯联系。美国宇航局喷气推进实验室的工程师和飞行器操作者发出了一系列备用指令，以便打开飞行器的通讯器，将飞行器的天线转向地球。但令人失望的是，到8月22日，全世界各个卫星跟踪站都未收到飞行器的任何信号。

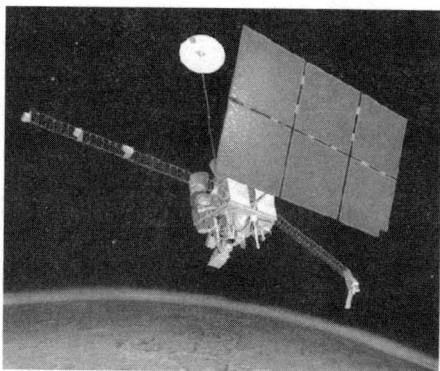

"火星观察者"号探测器示意图

后来，为了调查"火星观察者"号的"出师不利"，美国政府还成立了一个官方委员会，该委员会在因特网上发布的报告称："火星观察者"号通讯中断的原因，极有可能是推进系统燃料加压装置中的一个管道断裂，造成隔热层下的压力泄露，气体和油料很可能从隔热层下不均匀地泄露出来，使飞行器产生高速自转。这种高速自转会使飞行器进入"意外事故"运行模式，这种运行模式中断了事先储存的一系列操作命令，因此没有打开发报机。此外，这样的自转还可能造成飞行器的主要天线被分离。最终，由于太阳能电池帆板不再能指向太阳，飞行器的电池耗尽，无法给发报机供电。

后继使命的"火星全球勘测者"号

事实证明，美国人探测火星的决心是异常坚定的。资料显示，在"火星观察者"号失踪几个星期之后，美国宇航局便宣布将向火星发射另一个探测器"火星全球勘测者"号，作为"火星观察者"号的继承者去实现其未尽的使命。

1996年11月7日，"火星全球勘测者"号在卡纳维拉尔角由"德尔塔2"火箭发射升空，开始了为期10个月、航程长达6.69亿千米的火星之旅。

事实上，"火星全球勘测者"号的功能逊于"火星观察者"号，其主要任务是研究火星表面、大气层和磁场的情况。它上面的科学仪器有：负责研究磁力线和太阳风对火星影响的磁强计和电子反射计；进行表面和大气照相的火星轨道器相机；研究火星地貌和引力场的火星轨道器激光高度计；为今后火星探测做准备的火星中继电台；进行矿物、冷凝物、尘土、高温物质和大气等测量的高温发射频谱仪；进行引力场和火星大气研究的紫外线稳定振荡器等。

"火星全球勘测者"号探测器示意图

1997 年 9 月 11 日，"火星全球勘测者"号进入预定的环绕火星的轨道，并在距离火星表面 380 千米高度环绕火星两极地区飞行，一举成为了研究火星地质、气象和演化史的人造卫星。

从 1998 年 3 月开始，它用 687 天的时间持续勘察和记录了火星的大气、磁场、地貌和矿产等情况，拍摄高分辨率的照片，并绘制火星表面地形图，为今后的火星着陆器提供尽可能详细的资料。2003 年，"火星全球勘测者"号拍下了一张地球的"快照"，这是人类第一次从火星的角度观看自己居住的星球的模样。

"火星全球勘测者"号的发射成功，标志着自"海盗"号以来，沉寂了 20 年的火星探测又掀起了热潮。

1991 年底苏联宣告解体，新独立的俄罗斯接管了苏联强大的航天业。俄罗斯航天部门成立之初进行的重要工作之一便是将进行到一半的"火星 96"计划按时完成。

然而不幸的是，1996 年 11 月 16 日，俄罗斯人刚刚欢呼"火星 96"发射成功后几个小时，便从太空传来这个火星探测飞船半途夭折的噩耗。俄罗斯这次企盼已久的火星探测计划从一开始就遭到失败。

心系多国的"火星96"飞船

毋庸置疑的是，俄罗斯的"火星96"飞船，是人类跨世纪寻梦火星计划的一个重要组成部分。它是一项飞往火星的国际性考察计划，除以俄罗斯为主外，还有美国、英国、法国、德国、奥地利、比利时、西班牙、芬兰、乌克兰、捷克等20多个国家的航天中心和科研单位参加。

该计划分3个阶段：

第一阶段，发射"火星96"飞船，其中包括对火星进行长期考察的轨道站、2个穿透探测器和2个发送到火星上的小型自动站。

第二阶段，发射"火星98"飞船，包括1个轨道站和1个带有火星车的返回舱。

第三阶段，发射探测飞船把火星上的土壤带回地球。

这些考察将为把人类送上火星开辟道路。

该飞船重6.7吨，其中科学仪器重1吨多。该飞船装有2个可掘至地表以下7.5米深处的穿透器，其用途便是收集有关火星岩层化学成分及含水量等重要数据。此外，该探测器上还有2个小型自动站，它们在火星表面降落后，将研究火星气候、表面元素构成、磁场和地震情况。

1996年11月16日，"火星96"飞船在拜科努尔发射场由一枚"质子"号运载火箭发射升空，而后被送入绕地轨道。但后来在第二次点火本该工作3分钟时，发动机却因发生故障只运转了20秒。2小时后，"火星96"飞船与地面的联系突然中断，以至于最终未能进入飞往火星的轨道。

俄罗斯不愿让这个使命已告夭折的飞船毫无作为，于是想尽全力用助推火箭把它推入外层空间，以便用携带的仪器做一

"质子"号运载火箭示意图

些科学观测。但这一点希望最终也破灭了，11 月 18 日，这个失控的飞船开始向地面坠落，引起落区澳大利亚的一片恐慌。澳大利亚进入高度戒备状态，因为飞船上装有 4 节用钚制作的燃料的核电池。最后，"火星 96"飞船坠落在距南美洲西海岸 1000 千米的南太平洋海域里。

事实上，"火星 96"探测器的失利对美国来说也是一个沉重打击。因为美国有 2 件装置在该飞船上，一件是等效组织正比计数器，用来精确测量地球与火星之间的宇宙射线，以便搞清进行载人飞行时需要何种保护。另一件装置是火星氧化试验仪器，用来测量火星大气和地面的氧化速度。此外，"火星 96"飞船本来还要与美国的探测飞船共同完成一项历史使命，即揭开火星是否曾有过生命之谜。两家各有分工，相互补充配合。现在美国失去了一个合作伙伴，他们不得不重新考虑自己的火星探测计划。

英国科学家更是深感沮丧，英国在"火星 96"飞船上搭载了好几件实验仪器，其中有一件用来测量火星大气变化的仪器设计极富新意，它可以测量火星大气失去的速度，从而可以帮助确定火星上有无生命。

"火星 96"飞船的失利，使得参与各国无不心疼惋惜。但事实上，"火星 96"飞船的失利和俄罗斯的财政困难有着千丝万缕的联系。

数据资料显示，"火星 96"飞船耗资 3 亿多美元，耗费 10 年时间才建造完成。它载有美国、法国、德国等 20 多个国家的高精尖仪器设备，是人类有史以来向火星发射的最大的航天器。

"火星 96"飞船是俄罗斯研制的第一颗新型航天器，它的失利使俄罗斯航天业遭受了重创。长期以来，俄罗斯航天计划经费不足，处在捉襟见肘的境地，火星探测计划一直靠外援支撑。在财政极度困难的逆境中，俄罗斯航天机构急切盼望"火星 96"飞船能给他们带来福音，以吸引西方大国为以后的探测项目提供资金。

当地面与飞船失去联系、发射宣告失败时，地面人员心如刀绞，有的研究人员甚至掉下了眼泪。曾在 1965 年进行首次太空行走的老宇航员列昂诺夫叹气道："在科研资金极其短缺的时候，这么多钱就这样白费了，在 20 世纪俄罗斯没有可能再向火星发射飞行器了。"

值得一提的是，就在发射前的 1 个月，俄罗斯一家核研究中心的主任自杀身亡，他留下的一张字条写道："自杀是为了抗议政府发不出工资和研究经费严重短缺。"

事实上，自苏联解体后，俄罗斯的航天计划没有得到政府的真正支持。如 1994 年的航天预算为 3388 亿卢布，由于居高不下的通货膨胀，实际投资仅为 1989 年的 20%。而 1995 年的预算为 6100 亿卢布，仅够维持最低限度的活动。从 1993 年起，俄航天界就不得不向商业银行贷款。在"火星 96"飞船发射前，工作人员有几个月没有拿到工资。

与此同时，俄罗斯航天工业生产水平下降。俄航天部门 1994 年共有 45 份订单，实际却只生产了 7 枚火箭，因此原先储备的不可随便动用的火箭便被使用上了。

本来俄罗斯还有一个"火星 94"计划，由于经费不足，后与"火星 96"计划合并。按道理，这次发射准备时间应十分充足，但在发射前 2 周，工作人员还在往已经矗立在发射场的火箭上安装零件。

向火星发射飞船，每 26 个月才有一次"发射窗口"，错过了这个难得的发射时机，下次发射就要等 2 年多时间。此次失利之后，俄罗斯的火星探测计划很久才能缓过气来。

创下多个记录的"探路者"号火星探测器

1997 年 7 月 4 日 13 时 7 分（美国东部时间），美国"火星探路者"号火星探测器，经过 8 个月的漫长旅途，终于在火星上着陆，从此揭开了人类探索火星奥秘的新纪元。

据资料显示，"火星探路者"开创了人类探测火星的多个第一：该探测器是首次向地球发回彩色三维立体照片；也是首次采用自由下降方式降落在火星表面；首次使用缓冲气囊技术；而它携带的"漫游者"探测机器人是人类首次成功地向地球之外的星球发射这种装置。

专家指出，"火星探路者"号火星探测器此次的任务是调查火星的大气和地质构造。就该探测器的结构来看，其 3 个侧面外侧的 6 个直径达 6 米的充气球体，即缓冲气囊，作用在于为探测器筑起一道缓冲屏障。值得一提的是，它所携带的"漫游者"火星车是个小型机器人，其电脑核心部分采用的是

20MHz主频的RAD6000CPU，重达23磅，并且使用太阳能动力，而行驶速度最快可达2英尺/分钟。火星车上还有一台阿尔法—质子—射线光谱仪，能现场分析岩石的化学成分，并将分析结果传回地面控制中心。它完成了对"甲壳比尔"和"尤基"两块岩石及周围部分土壤的分析，科学家们研究发现，火星岩石成分竟与地球很相似。

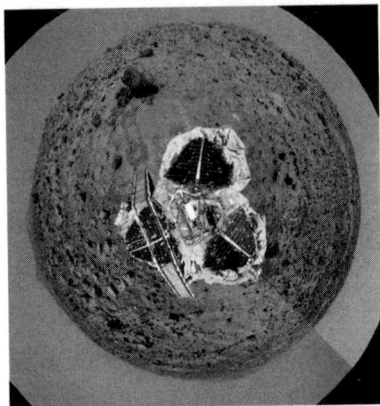

"火星探路者"号探测器示意图

从发回的照片中，火星阿瑞斯平原看起来就像地球上的荒漠，有山脉、丘陵、沟谷，甚至还有陨石坑，科学家由此猜想，或许在几十亿年前，这里曾发生过特大洪水。而从火星车留下的车辙看，火星表面是一层虚土，下面是坚硬的壳层。此次探测，还使得人类对火星气候有了更深入的了解。火星当时是夏季，白天地表温度约零下十几摄氏度，夜晚会降到约−70℃，白天有微风。

那么，火星上曾有过生命吗？水是如何形成的又如何消失的？火星曾有过与地球同样的地质过程吗？这一切如今都还是谜。但是，"探路者"的火星之行已为以后的探索甚至为人类登上火星打下了基础。

事实上，"探路者"火星探测器这次着陆飞行在设计思想上与"火星全球勘测者"有着根本的不同，后者是利用已失败的"火星观测者"留下的备件制造的。

而据资料显示，此次探路者计划有以下几个主要特点：

研制工作又快又省

"探路者"使美国恢复了对火星的着陆探测，而且既有着陆器，又有漫游车，但所花的代价却比两个"海盗"号上的计算机部分还低。它的研制工作仅用了3年时间，费用只有1.96亿美元（着陆器1.71亿美元，漫游车0.25亿美元）。加上0.55亿美元的火箭费用，总硬件费用才2.51亿美元。探测器上使用的 IBM 公司 RS6000 微处理器（128 兆内存）性能要远远高于"海盗"号着陆器所用的计算机。

着陆器设计适应性强

"探路者"选定气囊着陆设计是为了开发和试验新的着陆技术，使未来的着陆器能在地形条件比在火箭辅助下用着陆支柱着陆所要求的条件还要差的情况下着陆。"探路者"将以 7.6 千米/秒的速度进入火星大气，此后其"海盗"号式的气动外形可把速度降到 0.4 千米/秒。打开阻力伞后速度将进一步降至 54 米/秒。此后减速火箭点火工作 2 秒，使探测器在火星表面以上约 21 米处短暂悬停一会儿。探测器最终触地时的速度约为 13 米/秒，落地时由气囊进行缓冲。到达火星表面上的探测器包括 350 千克重的基地站（带太阳阵）、装在支杆上的一架相机、天气探测器以及漫游车。气囊式的着陆设计，按目前的资金水平只能用于相对比较简单的着陆装置。美国宇航局目前还正在继续开发火箭和支柱着陆系统并准备在由喷推实验室研制的"1998 火星勘测者"着陆器上使用。

携带了美国第一辆无人漫游车

"探路者"的太阳能漫游车重约 10.4 千克，长 0.66 米，宽 0.48 米。在飞向火星过程中，它被压缩到只有 0.2 米高，在火星上展开后高度升到 0.3 米，行驶速度为 0.4 米/秒。

尽管"探路者"的漫游车是美国送往月球和各大行星的第一辆无人漫游车，但却不是世界上第一辆射向火星表面的漫游车。1971 年苏联的两个探测器"火星 2"和"火星 3"都曾携带漫游车抵达火星表面，遗憾的是"火星2"坠毁了，而"火星 3"也在着陆后仅 20 秒就出了故障。与 6 轮的"探路者"漫游车不同，苏联的漫游车采用的是滑移行走方案。另外，苏联漫游车与基地站之间连有脐带，可以行驶到离着陆器 15 米的地方，而探路者是自主工作的。苏联的漫游车带有土壤密度和承载强度测量仪器。

科学家们指出，"探路者"火星探测器此次在火星表面上将依靠 3 台放射性同位素加热装置来保持温度，每台装置中装有 2.6 克钚238。这些钚呈陶瓷状，包覆在金属内，并由气动外壳防护，以保证这种核装置不会在发生事故时损坏并使钚外泄。另外，发射用的"德尔塔"火箭的第二级和第三级上安装了声信标（类似于飞机的飞行数据记录器），以便于在发射失败的情况下确定核加热装置的位置。

"索杰纳"火星车示意图

此次探路者所带的漫游车称为"索杰纳"，该车大小同微波炉相近，能在火星表面上行驶。"索杰纳"长0.66米，宽0.48米，展开后高0.3米，重10千克多，有6个轮子，行驶速度很慢，有如蜗牛，设计速度还不到1厘米/秒。它携带了3台相机和1台阿尔法质子X射线光谱仪，由车顶的太阳能电池板提供电力，并依靠3台钚238放射性同位素加

热装置来为电子设备保持温度。6个轮子是铝制的，前、后4个轮子可独立转动，因而可就地转弯。漫游车和着陆器间通过一特高频指令与遥测系统保持联络。

"索杰纳"在探测器着陆次日走下着陆器。1998年4月6日，它开始使用APXS光谱仪对选定的火星岩石进行研究。它所研究的第一块岩石叫"藤壶嘴"，因其具有藤壶（一种水生甲壳动物）的特征而得名，大小和足球相仿。分析结果表明，这块岩石主要由石英、长石和正辉石构成，其中石英含量约占1/3。石英是地球上许多岩石的主要成分，而长石和正辉石在地球上也很常见。科学家们对这块岩石与地球上岩石极为相似感到惊讶。他们推断，这块岩石由火山形成的可能性较大。

此外，分析还表明，"藤壶嘴"与地球上一块编号为ALH84001的火星陨石在化学组成上具有相同的特征，由此说明这块陨石确属火星"来客"。

在分析了"藤壶嘴"后，"索杰纳"又开始探测另一块岩石"瑜伽熊"。它的大小是"索杰纳"的4倍。按计划应在探路者在火星上着陆后的第4天对这块岩石进行探测，但由于"索杰纳"在接近"瑜伽熊"时与之发生了碰

撞，致使地面科学家向它发出了停止工作的命令，加之后来又出现了通信故障，所以直到12日漫游车才完成了对"瑜伽熊"的探测。由于相距遥远，所以从地面发往火星和从火星发向地面的无线电信号要用11分钟的时间才能到达目的地，这意味着地面上的科学家和控制人员无法对"索杰纳"的活动进行实时控制，好在"索杰纳"的行动很缓慢。

分析结果表明，"瑜伽熊"的化学组成与"藤壶嘴"不同。它含有大量的镁，而"藤壶嘴"的主要成分是石英。这说明火星上的岩石有多种多样。从7月15日传回的数据看，"瑜伽熊"更像地球上的岩石，年龄也比"藤壶嘴"老。

"索杰纳"接着对与"瑜伽熊"相距10米左右的另一块岩石"斯库比·杜"进行了探测。科学家们之所以对这块岩石感兴趣，是因为它是迄今在火星上发现的第一块白色石头。"索杰纳"探测一块岩石少则需十几个小时，多则几天，而其设计使用寿命只有1周。但目前看来，它的实际使用寿命可达几周以上。

"断线风筝"——"福波斯"号火星探测器

1988年7月7日和12日，苏联发射成功"福波斯1"号和"福波斯2"号两个火星探测器，开始新一轮探测火星及其卫星火卫1的活动。

该种探测器重4吨，装有各种科学仪器，并配有无线电太阳能电池板、姿态推力装置、电视摄像机等。它们能在太空飞行200天后，到达接近火星的轨道，在距火卫1几十米时，释放出一个永久性自动站，对火卫1进行460多天的科学考察，以便为将来登上火星探明道路。

可惜的是，在1988年底，"福波斯1"号在宇宙空间已失去联系，不知去向。而"福波斯2"号则在1989年1月29日飞临火星，进入绕火星飞行的轨道，开始对火卫1进行考察活动。但到3月27日，"福波斯2"号又出现故障而停止工作。这项探测火星的任务失败。

夭折的"观察者号"火星探测器

1992年9月25日，美国用"大力神3"型火箭发射成功一个"火星观察者号"探测器,从而拉开了人类全面探测火星的序幕。与此同时,这也是美国 17 年来首次发射专用于探测火星的航天器。它将从火星轨道上测绘火星和记录天气情况,寻找可能供机器人和人类的着陆地点,以及生命存在的线索。

资料显示,该探测器重 2.5 吨,携带有 7 部仪器。该探测器将对火星进行长达 687 天的观测考察。而该探测器的任务则在于绘制整个火星表面图,预告火星天候,测量火星各种数据,进一步揭示火星上有无处于原始阶段的生命现象,为未来人类移居火星探寻道路。但是 1993 年 8 月 21 日,"火星观察者"号探测器突然与地面失去联系,不再发回信息。这次探测令人失望地夭折了。

"火星观察者号"探测器价值 5.11 亿美元,加上发射费用和操作费用等总计高达 8.91 亿美元。这个探测器发射后,要飞行 11 个月,行程 7.2 亿千米,才能到达火星。

据科学家们估计,如果"观察号"火星探测器工作一切正常,该探测器每天可向地球传回大约 10 亿位的数据,而整个探测任务要传回约 6000 亿位的数据,相当于除"麦哲伦"号金星探测器外所有行星探测发回的总和。科学家们还指出,该探测器携带的仪器采用的是前后合作的工作方式,它可以从不同角度测量同一物体。但故障的出现注定使这一切希望只能寄托到下一个火星探测器的发射。

"火星极地着陆者"号的失利背后

1998 年 12 月 11 日,美国发射了"火星气候"探测器,在随后的 1999 年 1 月 4 日又接连发射了"火星极地着陆者"号,二者被称为一对姊妹探测器。之所以这么讲,是因为它们有一个共同的任务,那就是到火星上找水。

1999 年 9 月 23 日,价值 1.25 亿美元的"火星气候"探测器进入了火星的大气层,慢慢地靠近那颗火红的星球。但遗憾的是,"火星气候"探测器突然之间变成了一团大火球,并在转眼之间烧得一干二净。原来,工作人员在给"火星气候"探测器输入数据时所用单位不一致,导致其测量距离时厘米和英寸混淆,使轨道器飞得过于靠近火星。轨道器随后因温度过高而起火,并脱离轨道坠入火星的大气层。

于是，在人类公元纪年的第二个千年里，"火星极地着陆者"号便成为人们探测火星的最后希望。

"火星极地着陆者"号采用了与"火星探路者"号许多相似的设备，如它的气动外壳、计算机及降落伞等。但它的照相系统、太阳能帆板等都有所改变。

这次，"火星极地着陆者"号携带了一个重16千克的一体化科学有效载荷，包括来自于"火星探路者"号及

"火星气候"探测器示意图

一部分俄罗斯激光雷达上的照相及天气勘测系统。除此之外，它还安装有一个麦克风，可将火星上各种声音传回地球，使人类不仅看到火星的图像，也能听到火星上狂风怒吼的声音。这将是地球上的人类第一次听到外星球上的声音。

在这个价值1.65亿美元的探测器上，麦克风与其他仪器设备不同，因为它是由私人资助

"火星极地着陆者"号探测器

的，并没有明确特定的科学任务。为了使这个麦克风能在拥挤的着陆器上占据一席之地，美国行星协会的会员捐赠了5万美元。该装置的体积只有豌豆的1/2左右，能够以相当于电话的质量录制声音，但整个麦克风的重量还不到60克。

此外，"火星极地着陆者"号还携带了两个重要的新系统——1.8米长的采样手臂和高温气体挥发分析仪。采样手臂将用于挖一些约0.6米深的沟槽，而安装在手臂上的一架相机则将拍摄到地质层的图像，以便揭示火星南极的

土壤层历史。该采样手臂有一个肘关节，可以准确有力地进行挖掘土壤的工作。而手臂上的相机则可拍摄高分辨率的特写镜头，以精确描述冰或地质晶体。该手臂将提供 8 个样品给气体分析仪，由其将这些物质焙干并对释放出的气体进行分析。

值得一提的是，着陆器上携带了两个"深空 2"号微型探测器，它们将以 650 千米/时的高速，像两根长矛一样深深刺入火星地表，用以寻找水分。而每个"深空 2"号探测器将完成 20 分钟的表面样品和水的探测试验，并完成两天的土壤温度和气候的监测任务。

"深空 2"号是美国宇航局新千年探险计划的一部分。而事实上，新千年探险计划是美国宇航局为未来的外层空间征服乃至移民计划做准备而开展的一系列测试活动。为了保证"深空 2"号成功，在同火星部分地形接近的莫加维沙漠进行了长达 4 年的模拟试验：从高空飞机上用高速空气喷枪向地面发射电子设备，以检测其撞入地面的抗震力和可行性。经过 20 次失败的尝试后，终于设计出了可以承受巨大冲力的探测器模型。根据模拟试验的数据，这些探测器撞入火星时要承受的撞击力是重力的 6 万倍。

"火星极地着陆者"号在离火星 6.3 千米左右时就开始拍照。它采用一架小型相机，刚开始能辨别 7.5 米大小的物体特征，当降到距表面 1 千米高度时能分辨清楚 1.5 米的物体特征。

科学家们之所以将"火星极地着陆者"号的登陆时间选在 1999 年 12 月，此时火星南极地区正好是夏季，这使得"火星极地着陆者"号在 90 天的任务时间里将能获得连续的太阳能。

1999 年 12 月 3 日是"火星极地着陆者"号登陆火星的日子，全世界的人们在准备喜迎新千年的同时，也在关注着"火星极地着陆者"号的消息，希望它能够带来一份新千年的惊喜。

一个基本事实是，支持美国宇航局火星登陆计划网站的服务器可以说是世界上最强大的网站服务器系统，但它还是在"火星极地着陆者"号登陆火星南极之际因访问量巨大而几乎崩溃。许多网民非常失望，他们原来希望在网站上看到"火星极地着陆者"号发送回来的那颗红色行星表面的实况播放图像，结果只看到了"服务器过忙"的提示，或者网站干脆不予响应。

比网民们更失望的是科学家，因为"火星极地着陆者"号在进入火星稀薄的大气层后就一直没有向地球控制中心发出任何信息。"火星极地着陆者"号的着陆时间比原计划的下午 3 时稍晚了一点儿，它应该在下午 3：40 发出第一个信号。在网民们徒劳地试图通过遍布全世界的镜像网站观看探测器发回的实时图像时，美国喷气推进实验室的工作人员们却揪心地发现"火星极地着陆者"号完全没有消息。

在接下来的几天里，科学家们不分昼夜地"竖起耳朵"，生怕错过了"火星极地着陆者"号发回来的宝贵信号。有人还设想了一些善意的可能，暗示收到信号只是早晚的事，鼓励人们不要放弃希望。

但随着 12 月 7 日最后一次同"火星极地着陆者"号联系未果，美国宇航局的科学家连续 5 天寻找火星探测器的努力终于宣告失败。这意味着美国已最终失去了耗资 1.65 亿美元的"火星极地着陆者"号探测器和近 3000 万美元的"深空 2"号探测器。这是美国继"火星气候"探测器在火星大气层烧毁后，在不到 3 个月的时间里第二次损失火星探测器。

具有讽刺意味的是，尽管"火星极地着陆者"号在外太空杳无音信，尽管人们已普遍接受"任务已失败"的沮丧结局，但人们却惊奇地发现一个好玩的闹剧，因为人们发现"火星极地着陆者"号已被搬上了互联网拍卖网站的拍卖台。在拍品介绍栏中可以看到如下内容："真正的'火星极地着陆者'号：状况良好、干净，在 10 亿英里外运行正常，热卖价 100 万美元。"备注栏中还有一条："最后的价格需征得美国宇航局同意，另外需自己到火星取货！"

在随后进行事故分析时，科学家们认为，探测器音讯全无有 3 种可能：

一是与太阳能帆板相连的环形巡航级可能因为 6 个爆炸螺栓中有的没起爆而未能同着陆器分离；

二是 3 个探测器失败的原因也可能各不相同，负责"深空 2"号的科学家认为，"深空 2"号的着陆点有一个巨大的陨石坑，可能会使着陆失败，或是信号无法传回；

第三种可能则是由于探测器的着陆过程复杂，可能会在降落伞、防热层和下降发动机等环节上出现错误，使探测器坠毁。

　　然而，有人指责美国宇航局在事件中出现了一连串行政失误，并做出了许多错误判断。一名知情者透露，"火星极地着陆者"号的减速引擎在建造时根本未能通过测试。该测试结果说明，用于点燃探测器气体燃料的点火器无法在临近火星时的低温状态下有效工作，这个问题将严重影响减速引擎的能力。

　　由于重新设计和改造的成本过高，一名宇航局官员在得知测试结果后，不仅视而不见，还暗地改变实验数据和温度参数，让人以为减速引擎可正常工作。宇航局高层负责人一直到"火星极地着陆者"号准备在 1999 年 12 月 3 日降落前数天，才得悉有关问题，可当时一切补救措施都无济于事了。

　　美国宇航局因此受到了各方责难。有批评者针对宇航局多年来引以为豪的"更快、更好、更省"的航天政策，指出人手不足和资金不够是导致火星探测计划一再受挫的主要原因。有专家指出，"更快、更好、更省"的目标不可能同时实现，三者只能取其二。

　　在接连损失了 2 个火星探测器之后，美国宇航局计划为今后的火星探测器安装黑匣子，以便在探测器失事时收集关键数据，作为前车之鉴。

　　美国喷气推进实验室正在研制的这种特殊黑匣子，所能承受的撞击力将比普通飞机黑匣子高三四倍。这种黑匣子的质量将不超过 7 千克，采用超硬钛金制造，外面包一层通常用于制造防弹衣的材料。黑匣子内部的电子元件不是安装在普通的电路板上，而是嵌在硬度极高的框架里，以提高抗撞击能力。

　　与普通飞机的黑匣子不同，火星探测器坠毁之后，工作人员不会去寻找黑匣子并把它带回来进行分析，而是向黑匣子发出信号，指令其把记录到的数据发送到卫星，然后送往地面控制中心。

　　研究人员还将对新型黑匣子的抗撞击性能进行测试，方法是用大炮把它发射出去，观察其受损程度。

　　人类探测火星的计划总是在成功与失败交替之间进行，而无论成功还是失败，每一次探测的周期都是 2 年多的时间。因为地球和火星轨道的关系，每 26 个月才会出现一次最有利的发射时间。

不孚众望的"奥德赛"火星探测器

虽然在 1999 年美国所发射的"火星极地着陆者"号以失利而告终，但美国似乎拿出了将火星计划进行到底的决心，在随后的 2001 年 4 月，美国的"奥德赛"号探测器又启程飞往火星。

事实表明，美国科学家之所以选择在这时发射火星探测器，主要是因为迎来了千载难逢的"火星大冲"——火星与地球的最近距离仅为 55756622 千米。根据天文学计算，这么近的距离 5 万年才有一次。

由于该机遇十分难得，美国和欧洲空间局谁都不甘心无所作为，于是在 2003 年六七月间，便先后有 2 个"火星探险漫游者"号和 1 个"火星快车"探测器从地球奔赴火星，从而使得新世纪的火星探测赛愈演愈烈。

2001 年 4 月 7 日，"奥德赛"火星探测器在佛罗里达州卡纳维拉尔角的肯尼迪航天中心顺利发射升空。专家指出，探测器此次的主要任务仍然是在火星上寻找水，以确定在这颗红色行星上是否存在生

"火星大冲"示意图

命，并且探测器将测绘火星表面的化学成分和矿物质，同时寻找火星表面冰冻水的痕迹。

"奥德赛"火星探测器在设计上与"火星气候"探测器大同小异。它上面携带 3 台科学仪器，其中有 2 台可用于寻找火星表面或接近表面处的水源，从而使得火星找水工作再向前迈进一步，这 2 台仪器分别是 γ 射线光谱仪和热放射成像系统。而第 3 台仪器则是火星辐射环境试验装置，用于研究辐射可能给载人火星探测带来的危险。

γ 射线光谱仪与美国 1993 年损失的火星探测器——"火星观察者"号上所携带的一台仪器相同，它可以测定火星表面元素构成的全球分布情况、水的分布情况以及接近地表部分的分层现象。它对水非常敏感，但缺点是只能

"看透"约 1 米的深度。

而该探测器上的热放射成像系统可以利用一台相机和一台热红外成像光谱仪对火星矿物进行分辨率相当高的测绘。如果火星沉积物中含有由水载运的物质，就可能使某些岩石物质或土壤结晶成不同的矿物，从而显现出矿物质特征。有的矿物只有在有水的情况下才能形成，所以说只要找到这类矿物，也就找到了火星表面上有水参与溶解和沉积某些此类矿物的又一有力证据。

此外，"奥德赛"还携带了俄罗斯制造的高能中子探测器，它可以详细探测火星的近地表层，用以确定火星地表下 2 米以内的含水区域，并绘制出这些区域的地图。

为了避免重蹈覆辙，美国宇航局在"奥德赛"身上又多花了数百万美元，致使整个探测计划耗资巨大，开支膨胀到近 3 亿美元。与以前的项目相比，"奥德赛"项目又增加了数十道监测程序，在给"奥德赛"配备的计算机软件中有 2.2 万个参数，一旦某处出错，计算机会立即进行双重检查。

"奥德赛"火星探测器在历经 200 天、航行 4.6 亿千米之后，于 2001 年 10 月进入火星轨道。经过长达半年的飞行和数月的轨道调整，"奥德赛"于 2002 年 2 月正式开始了对火星的测绘工作。

"奥德赛"号火星探测器示意图

事实表明，"奥德赛"探测器并没有让世人失望。"奥德赛"正式工作才一个多星期，就给科学家们带来了惊喜。它的首批观测数据显示，火星表面和近地表层中，可能存在着丰富的冰冻水。其中火星南极下面大约藏有 1000 万平方千米的冰面，此外在太阳系的最高火山——奥林匹斯火山的山坡上也发现了大量冰冻的水体。火星地表下面冰的厚度大约为 20 千米，比地球上南极的冰盖还要厚许多。

于是，科学家们推断说，火星地下含冰层的深度随纬度不同而有所差异。在火星南纬 60°地区，表面之下 60 厘米处就是含冰层。而在南纬 75°地区，含冰层相对要浅，距火星表面仅 30 厘米。除此之外，他们还发现，不仅是南半球，火星北半球也有类似的地下含冰层。另据分析，以质量测算，火星含冰层中冰冻水比例可能占到 20%～35%。

据初步估计，已发现的火星地下冰冻水融化后的总水量相当于 2 个密歇根湖。美国康奈尔大学天文系教授贝尔估计，或许这还只是"冰山一角"。

如果这次有关火星冰冻水的研究得到进一步的确认，那肯定会推动人类登陆火星的计划。有了水，登上火星的人生活就容易得多。他们可以将冰化成饮用水，也可以把水的成分之———氢用作燃料。

探索火星的功臣——"勇气"号火星车

2003 年 6 月 10 日，美国"勇气"号火星车发射成功。美国宇航局专家们指出，"勇气"号如能不辱使命，那将标志着人类发射的星际探测器自动化程度提升到了前所未有的水平。因为它有自己的大脑、颈、头、眼睛、手臂，甚至还掌握着与人类地质学家所用工具类似的放大镜和锤子。

资料表明，该"勇气"号探测器长 1.6 米、宽 2.3 米、高 1.5 米，重约 174 千克。它的"大脑"是一台每秒能执行约 2000 万条指令的计算机，有趣的是与人类大脑位置不同，该计算机在火星车身体内部。

令科学家们感到欣慰的是，"勇气"号寿命已经达到 1000 个火星日。而专家透露，在它打坐拍出好照片的同时，"勇气"号已经有约 200 天没有

"勇气"号火星车示意图

挪地方，它出现在南半球的山地，而那里现在是冬季，太阳在地平线附近，位置很低，而太阳能电池板需要太阳几乎垂直照射才能有效采集能量，因此势必会造成能量采集不足。

资料表明，所谓"颈"和"头"只是火星车上伸出的一个桅杆式结构，距火星车轮子底部高度约为 1.4 米，上面装有 1 对可拍摄火星表面彩色照片

的全景照相机作为"眼睛"。2 台相机高度与人眼高度差不多，有了它们，火星车能像站在火星表面的人一样环视四周。

值得一提的是，当"勇气"号发现值得探测的目标，它就会以 6 个轮子当腿，运动至目标面前，然后伸"手"进行考察。火星车的"手臂"具有与人肩、肘和腕关节类似的结构，能够灵活地伸展、弯曲和转动，并且上面带有多种工具。

其工具之一便是显微镜成像仪，它能像地质学家手中的放大镜一样，以几百微米的超近距离对火星岩石纹理进行审视。另外还有穆斯鲍尔分光计和阿尔法粒子 X 射线分光计，它可以用来进一步分析岩石构成。还有一个相当于地质学家常用的小锤子的工具，能在火星岩石上打出直径 45 毫米、深约 5 毫米的洞，为研究岩石内部提供方便。

而"勇气"号探测器的能量来源是依靠餐桌大小的太阳能电池板，在理想情况下它每天最多可在火星上漫步 20 米，它的观测预计持续 90 个火星日（相当于地球上的 92 天）。

科学家指出，"勇气"号火星探测器是迄今人类遣往其他行星上第一个可以移动的、自动化的大型实验室。有科学家说："我认为这是人类在火星探测方面向前迈出的一大步。"

一个可喜的成果是，"勇气"号现已测量出了火星上的温度，并且得出火星上的岩石温度要比由细小颗粒构成的物体温度低。那里目前白天最高温度约为 5℃，而最低温度则约为 −15℃，并且勇气号还首次对火星土壤进行了取样分析，获得了一批宝贵数据。并且科学家惊讶地发现，火星土壤里含有一种名叫橄榄石的化学物质，而其形成通常与火山爆发有关。此外，科学家还在"勇气"号传回的土壤数据中发现了其他一些熟悉的化学元素，如铁、硫、氯、氩、镍和锌等，其中镍和锌属于首次发现。他们据此推断，火星表土可能是由一层颗粒较细的火山岩组成的。

在随后的日子里，"勇气"号火星车还成功地在一块玄武岩类岩石上钻出一个小洞。这是人类火星探测史上的首次岩石钻孔。它花了 3 小时，用机械臂上的磨具钻入一块名为"阿迪朗达克"的岩石，钻出的洞深 2.7 毫米，直径 45 毫米，用以分析火星过去的地质构造。接下来，它利用显微成像仪拍摄了岩石的显微照片。

截至 2004 年 2 月 10 日，"勇气"号已在火星表面行走了 21.2 米，打破了"旅居者"1997 年创下的单日行走 7 米的纪录。2004 年 2 月 16 日，"勇气"号再次刷新了纪录，走了 27.5 米。

在随后的一天里，"勇气"号还将机械臂伸到火星表面的一道浅沟里，用以寻找那里是否曾经有水的线索。

2004 年 3 月 5 日，"勇气"号第一次找到火星上曾有水存在的证据。它对一块名为"哈姆佛雷"的岩石进行钻孔。而后，科学家们在分析矿物质成分后认为，该岩石在形成过程中或刚刚形成之初曾有水渗入，矿物质随水分进入岩石，形成结晶并留在岩石内部。

在随后的 3 月 11 日，"勇气"号从火星上拍摄到了地球的照片。这是人类首次获得从其他行星表面拍摄到的地球照片。照片拍摄于日出前 1 小时，其上的地球是一个"明亮的圆点"。

后来，"勇气"号又拍到了的另一张照片记录到一条又窄又短的光迹。科学家们在分许后认为这可能是一颗流星，但也有可能是 20 世纪 70 年代升空的"海盗 2"轨道探测器——它在完成探测使命后一直在围火星旋转。此外，它还拍到距地球约 1500 光年的猎户星座中多个明亮的星体。科学家指出，拍摄天文照片并不在火星车的主要使命之列，但这些照片有助于研究夜间火星大气中的灰尘和水汽含量。

2004 年 4 月 1 日，科学家再次宣布，"勇气"号在其着陆区又发现了火星上过去可能有水的新证据。它在对一块名为"马扎察尔"的火星玄武岩进行探测时发现，该岩石外部被多层不同的尘埃所覆盖。这一发现强有力地表明，古谢夫区域曾有自己的水源供应。不过曾在古谢夫存在过的水很有可能是地下水，并且水量也许没有"机遇"号着陆的梅里迪安尼平原曾有过的水多。

关于"勇气"号的近况，美国宇航局太空网已在 2009 年 5 月作出报道，美国宇航局的"勇气"号火星车在火星上遇到了跟地球上的车辆遇到的类似问题——它陷进了软软的沙地里，不管轮子怎么旋转，身体就是动弹不得。

在最近的一次操作尝试中，"勇气"号上 5 个仍可以旋转的轮子深深地陷入了火星土里，目前大约已经有半个轮子陷入地下。该火星车的科研组工程师和科学家已经暂时停止运行"勇气"号，开始研究该火星车周边的地形，打算在加利福尼亚州帕萨迪纳美国宇航局喷气推进实验室利用一个试验车进行驱动选项模拟实验，以便帮助它解脱困境。

事实上，"勇气"号现在的陷入情况使科学家感到非常担心，现在它的腹部已经陷得很深，该车的底盘可能已经接触到下方的岩石，如果真是这样，他们担心火星车在自救过程中底盘与下方岩石相撞，如此一来，会使问题变得愈发复杂。3 年前"勇气"号正前方的一个轮子停止运转。从那以后这个六轮火星车为了避开这个问题，一直坚持倒着运行。

拖着或说推着一个不再旋转的轮子，利用剩余 5 个轮子运行，给"勇气"号克服目前面临的处境带来了巨大挑战。

风格迥异的"凤凰"号火星探测器

2007 年 8 月，"凤凰"号火星探测器从美国佛罗里达州卡纳维拉尔角发射成功。后于美国东部时间 2008 年 5 月 25 日 19 时 53 分（北京时间 5 月 26 日 7 时 53 分），在火星北极成功着陆。

"凤凰"号火星探测器示意图

着陆探测器取名"凤凰"，寓意"浴火重生"。美国宇航局在介绍材料中说，"凤凰"号实际上脱胎于以前一个夭折的火星探测器项目，其中的许多组件都被再利用，成为"凤凰"号的基本构架。另外，"凤凰"号设计人员还借鉴并改进了 1999 年在火星着陆后下落不明的"火星极地着陆者"探测器的一些设计。宇航局说，希望在前辈基础上"重生"的"凤凰"号能不孚众望，在火星探测中有更多的重大新发现。

该"凤凰"号火星探测器长 5.5 米，宽 1.5 米，共有 3 条腿支撑。将来成功着陆火星后，它将展开两扇太阳能电池板，在火星上开展一场"前所未有"的探测。它具备很强的科研能力，携带了一整套专门研制的作业工具和先进的科研分析仪器，科研设备重达55千克。

"凤凰"号上的7种探测工具：

（1）机械挖掘臂。它长达2.35米，可以垂直向下深挖到火星地表下半米处的土壤，并将样本递送到2部分析仪器中。

（2）机械臂照相机。安装在机械臂末端的挖掘铲上，可以拍摄土壤以及土壤中冰的特写图像。

（3）热量和释出气体分析仪。它可将土壤样本放在一个微型烤箱中加热，并测量随着温度上升，样本中水蒸气、二氧化碳及挥发性有机物的变化。

（4）显微镜以及电化学和传导性分析仪器。显微镜主要用于分析矿物颗粒样本，它的分析细度可达到一根头发的千分之一。电化学分析仪用于分析一些化学特性，如是否有溶解的盐分存在、土壤酸碱度等。位于机械臂上的传导探测器则可以检查土壤的热量及电传导特性。

（5）立体照相机。绑在"凤凰"号的一根桅杆上，可拍摄着陆点地形的高清晰度彩色立体图像。

（6）气象站。由加拿大宇航局提供，它可以监测火星大气层的尘埃、温度等变化。

（7）火星降落成像仪。可在着陆时动态拍摄火星着陆位置的地质情况。

此前的火星探测结果表明，这颗红色星球如今虽然干燥、贫瘠，但远古时期很可能遍布河流与海洋。科学家相信，火星上很可能有过某种形式的生命存在。"凤凰"号项目专家希望能在火星北极寻找到有价值的新线索。

按计划，"凤凰"号将在火星实施为期90天的探测任务，以对这个红色星球之前尚未探测过的北极地区展开勘测，据认为此处可能有大量冰藏在地表下面。

资料表明，该"凤凰"号整个项目耗资约4.2亿美元。这是美国宇航局名为"侦察"的低成本火星探测计划发射的第一个探测器。如果"凤凰"号成功在火星着陆并展开探测活动，这将是自30年前"海盗"号火星探测器在火星上钻孔探测之后，人类探测器再次将探测范围延伸到火星地表之下。

"凤凰"号与目前在火星上经历尘暴考验的美国"勇气"号和"机遇"号火星车风格迥异。2004 年登陆火星的这对孪生火星车，作业方式是在火星靠近赤道区域的表面漫游，而"凤凰"号将会采取在火星北极地区"蹲点"的方式，固定在一个地方不动。

"凤凰"号的着陆地点设在纬度同地球格陵兰或阿拉斯加州北部相当的广阔浅谷。与利用安全气囊反弹到降落地点的姊妹火星漫游者"勇气"号和"机遇"号所不同的是，该着陆器是利用反冲火箭下降的，如此一来，能更加准确地降落在预定地点。这种推进降落方法也更适用于更加沉重的飞船降落，美国宇航局需要利用这种方法支持可能的人类火星探索。据称，"凤凰"号在火星表面着陆的成功率并不高。从历史上来看，55% 尝试着在火星表面降落的努力都以失败而告终，而"凤凰"号利用的着陆方法已经有 32 年没有尝试过。

待该探测器成功着陆后，重约 772 磅（约合 350 千克）的"凤凰"号将在原地等候 15 分钟，待着陆掀起的尘埃物质落定，地面控制中心才将展开它的太阳能电池板，升起气象天线杆，将周围环境的第一批照片传回地面。在接下来的几个火星日，"凤凰"号将检查机载仪器，伸展机械臂铲起第一堆火星土壤样本。资料显示，一个火星日约比地球上的一天长 40 分钟。在度过第 10 个火星日之前，"凤凰"号将进入"挖掘"阶段，每天有 2 小时用来挖土壤，科学家们预计这个阶段将占据此次任务的绝大部分时间。

"凤凰"号的设计寿命为 90 天，尽管科学家表示"凤凰"号的使用寿命可能会延长 1 个月左右，在晚夏或初秋继续看到它的身影，不过它在火星上探测的时间绝对不会有"勇气"号和"机遇"号那么长。这是因为"凤凰"号上的太阳能电池板不能产生足够多的能量，令其安然度过火星冬天。

一个可喜的成就是，美国航空航天局科学家 20 日正式宣布，"凤凰"号火星着陆探测器在着陆地点附近挖到的发亮物质是冰冻水，从而证实火星上的确存在水。这也是人类通过探测器在地球以外首次获得冰冻水样本。

2008 年 6 月 15 日，"凤凰"号探测器在挖掘火星表面的红土时发现了一些发亮的小方块，在阳光的照射下，4 天后这些小方块消失了。

据介绍，科学家已经排除了这些小方块是干冰或盐的可能性。因为盐不会蒸发；而二氧化碳需要更低的温度才能变成固态（干冰）。在"凤凰"号着陆地点目前白天的温度大概是 −32℃，晚间是 −80℃。在火星稀薄的大气中，干冰需要更低的温度。彼得·史密斯说，在火星上，水的沸点只有4℃，水在很低的温度下就会迅速蒸发。

美国航空航天局科学家同时透露，"凤凰"号机械臂2008年6月19日在挖掘时碰到了坚硬的表层，科学家判断这很可能是更大的冰层。

科学家称，他们要探索的真相不仅仅是在火星上找到水，还要探寻火星上的矿物质、化学成分和有可能的有机化合物。

截至6月29日，原计划运转3个月的"凤凰"号火星探测器已经工作了127天。因火星公转的原因，"凤凰"号着陆点的太阳照射越来越少，随着太阳能的逐步衰减，"凤凰"号的活动将逐渐减少。科学家表示，10月底，因为电力不足，机械臂将停止工作，2008年年底"凤凰"号停止运转。在能量耗尽前，科学家将尝试开启"凤凰"号上的麦克风，期望记录下来自火星的神秘声音。

"机遇"号火星车成果日程表

"机遇"号是美国宇航局2003年火星探测计划的一个组成部分。资料表明，该计划的主要目的是将"勇气"号和"机遇"号两辆火星车送往火星，对火星这颗红色行星进行实地考察。

2003年6月25日，"机遇"号发射成功，并于2004年美国东部标准时间1月24日登上火星。

事实证明，"机遇"号同样不孚众望，在火星期间获得了一些重要成果。例如，在火星轨道上已发现火星表面存在碳酸盐。

"机遇"号火星车日程一览表：

（1）2004年1月30日，它在着陆点附近发现了火星曾经有水存在的初步证据。"机遇"号利用小型热辐射光谱仪发现了可能存在赤铁矿的线索，而这种矿物通常在有液态水的环境下生成。这将说明火星上从前比现在更"湿润"，适合于生物生存。

（2）2月4日，科学家宣称，"机遇"号在火星上发现了一种非同寻常的

"混合物"。该物质由土壤、沙粒和一些很圆的卵石组成。这一发现引起科学家的极大兴趣。照片显示的卵石为什么那么圆？这些混合物究竟意味着什么？这项新发现是否证明火星曾一度温暖潮湿过？科学家们认为目前要回答这些问题还为时尚早。但"机遇"号的新发现，特别是那些圆圆的、个头不小的神秘卵石，无疑更激起了科学家们探究火星上水源线索的好奇与热情。

"机遇"号火星车示意图

（3）2月5日夜间，"机遇"号进行了首次行走，为寻找那里曾存在水的证据迈出了重要一步。它当日走了约3.05米，途中进行了土壤分析研究。事实上，此次行走的目的地是离着陆舱约4.6米的一处外露岩床。后来，"机遇"号于2月6日抵达那里，进行了取样分析研究，目的是确定岩石中赤铁矿的含量。

（4）2月8日，"机遇"号传回这处火星岩床的显微照片。这处名为"斯努特"的岩床位于着陆点附近的一个浅坑区。科学家认为，它是火星地质史的缩影，对其进行研究很可能找到火星上曾经有水存在的线索。"机遇"号还使用机械臂上的光谱仪研究了岩床的成分。次日，美国航宇局在解释"机遇"号动态时指出，"机遇"号正在仔细"端详""斯努特"上镶嵌的小石球。而该照片显示，这些小石球像"蛋糕上的蓝莓果"一样镶嵌在岩床上。科学家们在对这些石球的成因进行种种猜测后得出3种假设：一是火山喷发时飘浮在空中的火山灰互相粘在一起结成石球；二是火山熔岩冷却时生成石球；三是某种液体（很可能是水）带着溶解的矿物质流经火山岩石时生成石球。科学家们认为如能证明"蓝莓果"的形成与火山喷发无关，则会大大增加火星上曾经有液态水存在的可能性。

（5）2月11日，"机遇"号火星车发回了令"科学家们激动不已"的火星岩层图像。该图像显示，火星岩层并非像笔记本那样总是平行，如从某一角度细看，岩层有时相互交错。科学家们分析后认为："这些不平行的线条可能因火山活动、风或水的作用形成。"

（6）2月19日，"机遇"号在火星土壤中发现一种神秘的发光圆球。虽然还不清楚发光的具体原因，但科学家肯定其绝非单纯的光学效果。2月22日，它又发现神秘的线状物。

（7）2月24日，"机遇"号成功地对火星表面一块坚硬的岩石钻洞，并拍摄了洞内的细节。

（8）3月11日，"机遇"号拍摄到了火卫1遮挡太阳的火星日食照片。这将帮助科学家确定火卫1的飞行轨道，以便让目前绕火星飞行的轨道探测器对其进行近距离观测。此前，它还拍到了火卫2遮挡太阳的火星日食照片。从地球上看，天空中月亮和太阳的圆面大小几乎相同，因此在日全食时，月亮几乎可以完全遮住太阳圆面。而火星比地球距太阳远，在火星上看到的太阳只有地球上看到的约2/3大。但火星的卫星非常小，因此在火星上看日食时，火星的卫星只能遮住不到太阳圆面的1/2。

（9）在随后的3月23日，美国宇航局根据最新探测结果显示，火星表面过去可能部分为咸海所覆盖。这一结果为火星上可能曾存在支持生命的环境提供了新证据。并且，"机遇"号对着陆区域附近岩层形状和岩石中所含某些化学元素进行的探测表明，其中一些岩石可能是在缓缓流动的一片咸水底部形成的。火星车项目首席科学家斯奎尔斯指出，"机遇"号停靠的位置，过去可能是一块咸海的海岸线。不过，该科学家也强调说，根据"机遇"号目前搜集到的线索，尚无法判断该区域何时存在过液态水，究竟被液态水覆盖了多长时间以及咸水区面积到底有多大。这些都要进行进一步探测才能给出答案。

（10）4月17日下午，安装了升级版电脑软件的"机遇"号在火星上创纪录地行驶了近3小时，跑完一个马拉松式的长途，轻松驶出140.9米，创下人造火星车在火星上单日行车距离的新纪录。这大大超出它自己此前保持的火星单日行车里程纪录，也大于"旅居者"火星车1997年在火星上考察3个月行驶距离的总和。在结束这次长途旅程后，"机遇"号在火星上的累计行驶里程达到627.7米，突破了600米大关。

（11）4月26日，"机遇"号完成第90个火星日的探测，步"勇气"号后尘，一举通过所有"考核标准"。孪生火星车探测计划至此正式宣告取得圆满成功。科学家和工程师事先设立了一系列硬指标，作为判定2辆火星车联合探测计划是否成功的依据。按照规定，除行驶总里程至少达到600米外，每辆火星车都要至少工作90个火星日（约相当于地球上的92天），至少造访8个不同地点，并必须拍下周围环境的立体和彩色全景照片。

后经过6周的长途跋涉，"机遇"号驶到了一个露天足球场大小的环形山边缘。这个名为"持久"的环形山直径约130米，据估计最大深度在20米以上。这里潜在的科学探测价值对火星车构成了"诱惑"。在5月6日的一次新闻发布会上，科学家们公布了"机遇"号从坑边拍摄的坑内彩色全景照片。"机遇"号着陆后，有近2个月时间一直在较浅的"小鹰"环形山中活动，对其中的裸露岩石等进行探测，并帮助科学家得出了该区域曾被一片早已蒸发光的咸水覆盖的推断。但咸水蒸发前火星上到底有过什么样的环境，在该环形山中却找不到相关证据，因为它深度太浅，还不到3米。对"持久"环形山的探测可能有助于回答这个问题。

爬出"小鹰"后，"机遇"号开了近800米才到达"持久"边缘。照片分析显示，这个大环形山内壁嵌有多层裸露岩石，一些岩石位于高约5～10米的峭壁之上，所处深度比"小鹰"坑内的裸露岩石要深，或者说年代更为久远。6月4日，宇航局宣布，科学家们就让"机遇"号冒险驶入该环形山达成了一致。6月8日，"机遇"号正式开始尝试进入环形山内。进入后，"机遇"号将首个探测目标锁定为一块名为"田纳西"的扁平岩石，并成功地在这块岩石上打出了一个洞。

（12）6月8日，科学家透露，"勇气"号在古谢夫区域新刨出了一条沟，并通过对沟中土壤的分析发现了该区域过去曾存在过水的新证据。阿尔法粒子X射线光谱仪的探测显示，在新挖的这条沟内，土壤中矿物盐含量相对较高。光谱仪在土壤中发现了硫和镁存在的迹象，而且含量在沟内不同位置保持同步变化。这意味着2种元素有可能以硫酸镁的形式存在。对此最可能的解释是水从表面之下渗出，溶解出矿物；当接近表面的水蒸发后，就会留下浓缩的盐。科学家还强调，这一发现提供的证据比"勇气"号1月3日着陆以来在其他任何地方发现的证据都更具说服力。科学家介绍，"勇气"号在火星上驰骋了 3.2 千米后，离一群小山越来越近。

（13）6 月 25 日，美国宇航局公布了"勇气"号拍摄的被称作"金壶"的火星岩石照片。这块岩石含有赤铁矿。赤铁矿通常在液态水环境下生成，但火山作用也可能会形成这种矿物。科学家们表示，"金壶"中的赤铁矿究竟是如何形成的，他们尚未找到真正的线索。

据专家透露，在"勇气"号和"机遇"号探测计划的实施过程中，宇航局投入的经费和评估测试的严格程度都超过从前，总共耗资约 8.2 亿美元，但还是出了故障，今后还不知会有什么不可预知的各种突发情况。由此可见，探测火星非常不容易。

"七拼八凑"的"火星快车"

在美国火星探测计划再度兴起之时，世界其他国家也在抓紧时间向着那颗红色的星球"奔进"。于是，一些欧洲国家适时地推出了"火星快车"计划，该计划极可能令人类首次取得火星地底泥土样本。

资料显示，该"火星快车"计划包括一个名为"火星快车"的轨道器和一个名为"猎兔犬 2"号的着陆器。

"火星快车"的轨道器示意图

2003 年 6 月 2 日，"火星快车"在哈萨克斯坦的拜科努尔发射场由俄罗斯的"联盟"号运载火箭发射升空，预计将在 2003 年 12 月 25 日圣诞节当天到达火星。

值得一提的是，考虑到探测计划耗资庞大和欧洲国家的经济实力，"火星快车"的设计、建造和发射计划均吸取了以往火星探测的经验和教训，采取广泛的国际合作、已有研制设备的再利用等方式，以最大限度地降低费用开

"猎兔犬 2"号的着陆器示意图

支。如以竞标的方式把总体研制合同交给法国马可尼—马特拉空间公司，不用"阿里安"火箭而用俄罗斯"联盟"号进行发射。除此之外，"火星快车"的仪器组成更是来自五湖四海：德国的立体摄像机，法国的地质地图仪，意大利的大气探测仪，意、美合作的探测水下情况雷达装置，英国的登陆器等等。

更值得一提的是，"火星快车"在登陆火星时搜集样本的"岩芯取样器"是由中国香港的科研人员研制的。届时，"火星快车"的机械臂将伸出太空钳，钳上的捣碎机会钻开泥土表层抽取样本，这时，钳内的显微镜也会探入泥土内查看有无生物化石。该太空钳是香港科学家根据力学原理持钳效应发明的，它利用作用力和反作用力，解决了在无重力状态下固定物体的难题，而有趣的是，这最初的创意竟来自一位牙医的灵感。

目前为止，该"火星快车"已检测出火星中的甲烷含量及火星上有水的大量证据。除了科学方面的任务，"火星快车"还提供地球与其他国家部署的登陆车之间的通信中转服务，由此成为国际火星探索工作的枢纽部分。

•••▶ **知识点**

行　星

行星，通常指自身不发光的球体，环绕着恒星运转的天体。一般来说行星需具有一定质量，行星的质量要足够的大（相对于月球）且近似于圆球状，自身不能像恒星那样发生核聚变反应。2007 年 5 月，麻省理工学院一组太空科学研究队发现了宇宙中最热的行星（2040℃）。而 2010 年经后续观测证实编号 WASP-33b 行星的温度竟高达 3200℃！

火星探测成果

火星也是一颗类似地球的行星，比地球小。它的半径是 0.53 倍的地球半径，质量是 0.11 倍的地球质量，密度为地球密度 0.71 倍。它绕太阳公转周期为 687 天，平均运行速度每秒 24.11 千米，离开我们约 9000 万千米，所以是地球的另一个近邻。火星和地球一样也自转，且速度和地球速度几乎相等，自转一周为 24.6 小时，因此火星上 1 天和地球上 1 天极相似。多少年来，火星一直是人类心目中最富传奇色彩的行星。在火星是否有过生命存在，是科学家们不断猜测和争论的问题。

火星上确实存在着大气，虽然和地球相比，它的大气层很稀薄。但那里的气候一度比较暖和，有过水及河流。俗话说，水就是生命，因此现在还很难说火星上没有生命。在火星表面那些具有足够热量的地方，生命有可能延续下来。总之，我们对火星了解很少，猜测、争论还缺乏有力证据。发射自动航天器对火星进行探测，揭开火星奥秘是解决人们对它争论的唯一办法。

美、苏两国为探索火星，都作出了举世瞩目的努力。1971 年 5 月 30 日，美国成功发射了"水手 9"号探测器，并在同年的 11 月 13 日成为美国第一颗人造火星卫星。"水手 9"号探测器绕火星飞行时拍摄了 7000 张照片并做了大批光谱测量。这些照片证实火星表面呈现许多陨石坑，也发现若干火山。火山之一奥林匹斯山高为 26000 米，约为珠穆朗玛峰高度的 3 倍。科学家从这些高分辨率照片上还发现火星表面的一些地区，有一些类似四角金字塔的"建筑群"，在火星的南极地区专家们又发现几何构图十分方正的结构体，这不禁提出一个扣人心弦的问题：火星上是否有高级智慧生物生活过？有些研究火星照片的专家，提出这些结构体系人工建造的大胆设想；另有一部分研究人员面对火星照片上这些令人难以置信的"建筑群"，作出了非人工建造的结论。他们认为这些结构体都是自然形成的物体。科学家们对火星的奥秘，继续进行着猜测和争论。

1975 年 8 月 20 日和 9 月 9 日，美国又先后发射了"海盗 1"号和"海盗

2"号自动探测飞船，并分别在 1976 年 6 月 19 日和 8 月 7 日进入了火星轨道。专门用于研究火星生命的这 2 个探测飞船的着陆舱则分别在同年 7 月 20 日和 9 月 3 日在火星表面实现了软着陆。着陆舱从火星表面向地球传送了它拍摄的火星图像；自动实验室化验了火星土壤。母船在火星轨道上对火星进行观测，绘制火星表面地形图。"海盗 1"号探测器也拍摄到了类似埃及金字塔的"废墟"。在"金字塔城"东侧 9 千米处竟还发现了形状类似于人类的石质结构体以及奇特的黑色圈形构成体。

1971 年 5 月 19 日，苏联发射"火星 2"号自动探测飞船，同年 11 月 27 日成为苏联的第一颗人造火星卫星；紧接着，1971 年 5 月 28 日，苏联又发射"火星 3"号探测飞船，其着陆舱从探测飞船本体分离后于 12 月 2 日在火星表面软着陆。其后，苏联又多次发射火星探测器，其中"火星 5"号、"火星 6"号和"火星 7"号进入火星轨道后，拍摄了大量照片，获取了火星大气资料。

美国的一大批科学家对"水手 9"号、"海盗 1"号和"海盗 2"号等探测飞船拍摄的火星表面照片和收集的土壤化验数据进行多年研究后认为，在火星的两极有水，在其表面也有水；离表面 0.8 千米深处可能还有液态水。火星的水比人们曾估计的要多得多。探测到的信息还确定，在火星上发现了尘旋风，高达 0.5 ~ 7 英里，这说明太阳足以使火星大气变暖并显著地升温。

火星有两颗小卫星，火卫 1 和火卫 2，它们是 1877 年首次被发现的。1971 年"水手 9"号探测飞船成功拍摄了火卫 1 的照片。"海盗"号探测飞船又分别从 89 千米和 23 千米距离外给火卫 1 和火卫 2 拍了照片。两颗卫星都像是患病的土豆，奇特的形状可能是由于他们被陨石轰击所造成的。火卫 1 直径 22 千米，距火星表面 7570 千米，它像被咬过一口，这个缺口就是斯蒂克尼火山口。火山口直径 11 千米，占据了半个火卫 1。火卫 2 直径只有 11 千米，距火星表面 20700 千米。火卫 1 和火卫 2 外形都呈椭球形，长轴永远指向火星，为观察火星提供了极好的姿态。它们的轨道接近火星赤道，近似整圆。火卫 1 离火星这样近，绕火星 1 周只需要 7 小时 39 分钟。倘若站在火星上，就会看到这个"月亮"从西边升起，以 4 个半小时的时间迅速地飞越天空，其形状不断地变化着，在东边下山后 6 个半小时又匆匆从西边出现。火卫 1 和火卫 2 的引力很小，如果一个人在地球上能跳起 15 厘米高，则他在火卫 1

上能跳起 244 米高，而在火卫 2 上能跳 457 米高。

　　火卫 1 表面覆盖着一层粉末，从太阳系诞生以来就是如此。火卫 1 的年龄、起源和物质以及岩石的特性将为揭开太古年代的秘密提供线索。因为它类似于碳质球粒状陨石类小行星。苏联发射的"福波斯"号火卫 1 探测器，虽然通信中断，但在通信中断前也向地面发回一组火卫 1 照片。专家们从照片得知，火卫 1 表面的物体近似于一种含碳球陨石，且表面成分很不均匀，其矿物层中含水量比设想的要少。火卫 1 白天温度约 27℃。

　　有的科学家认为，火卫 1 可以充当人类在火星上着陆的转运站，因此火卫 1 已经引起人们浓厚的兴趣。有人猜测，除了月球以外，人类将要攀登的天体首先可能不是火星，而是火星的卫星火卫 1 或火卫 2。

知识点

火星大气层

　　与地球相似，火星周围也笼罩着大气层。火星大气层的主要成分是二氧化碳，其次是氮、氩，此外还有少量的氧和水蒸气。火星大气层与地球大气层都有氮存在，这是火星与地球最大的相似之处。火星大气的密度不到地球大气的百分之一，表面大气压 500～700 毫帕。火星大气温度垂直分布与地球不同：由表面至 50 千米高度。

一窥木星的探测器

YIKUI MUXING DE TANCEQI

木星是太阳系九大行星中最大的一颗，直径达 14.28 万千米，体积是地球的 1316 倍，质量为地球的 318 倍。在地球上用望远镜可看到木星表面有连绵不断而又明亮的条纹形状。它拥有浓厚的大气层，厚度超过地球大气层的 10 倍，足有 1 万千米。木星大气成分主要是氢和氦，还有氨、甲烷等。由于木星的表面温度在 −140℃左右，所以尽管氢气和氦气不会因寒冷而液化，但氨和水分却都冻结成颗粒状，这就构成了木星的厚厚云层。木星的表面除了条纹之外，还可看到呈卵圆形的"大红斑"，它长有 5 万千米，宽有 1.1 万千米，大小、颜色和位置在不断变化，它的形成始终是个谜。

美国宇航局 2008 年 11 月宣布，已将木星定为下一个探索天空的远大目标，NASA 将在 2011 年 8 月发射一个新的木星探测器"朱诺"，展开对木星的深入探测，该探测器首先绕地球运行至 2013 年，利用地球引力将"朱诺"弹射到外太阳系；预计在 2016 年中期到达木星轨道。此后，"朱诺"每年大约绕木星运转 32 圈，探测木星内部的结构情况；测定木星大气成分；研究木星大气对流情况以及探讨木星磁场起源和磁层，通过它的探测，科学家希望了解木星这颗巨行星的形成、演化和本体内部结构以及木星卫星等。全部任务计划于 2017 年 10 月结束。

"大块头"木星

1973 年 4 月 6 日，美国发射"先驱者 11"号探测飞船，执行飞掠木星（1974 年 12 月）和土星（1979 年）的使命；1977 年 8 月 20 日又发射了"旅行者 2"号探测飞船，半月后又发射"旅行者 1"号探测飞船。后发射的"旅行者 1"号于 1979 年 3 月 5 日先行到达木星，同年 7 月 9 日"旅行者 2"号也到达木星。

"旅行者 1"号从距木星云顶 286000 千米上空飞越，提供了木星系统的新信息。木星的大气是复杂的，由氢和氦组成的稠密大气层之上是色彩斑斓的云层；木星大气的运动比预计的更加汹涌，似乎受到云顶底下深处某种力的控制；足以容纳几个地球的大红斑，是一个巨大的大气风暴，每隔 6 天沿逆时针方向转动 1 次；已发现木星周围有一个 29~30 千米厚的薄环。最大的意外是，在木卫 1 这个木星卫星上至少有 9 座活火山，有些火山的火焰高达 280 千米。其他已调查的木星卫星包括木卫 3、木卫 2 和木卫 4。木卫 3 的直径达 5200 千米，比土星卫星土卫 6 大，是太阳系内最大的行星卫星。

"旅行者 2"号从距木星云顶 643000 千米之内飞越木星，探测了条纹状的云、红斑、"白卵"、木星环（"旅行者 1"号已发现的）和木卫 1、木卫 2、木卫 4、木卫 3 和木卫 5，另外"旅行者 1"号和"旅行者 2"号还发现 3 颗新的木星卫星、极光和像地球上特大闪电一样的云顶闪电。

木星的密度很低，只是地球密度的 0.24 倍，对木星的就近探测证实它的主要成分是氢和氦。它是一颗由液态氢构成的巨大星球，除了有一个很小、可能是熔融的岩核以外，没有探测到任何的固体表面。

木星大气中，82% 是氢，17% 是氦，其他成分仅占 1% 左右。这层大气层厚度约 965 千米。在木星云顶层之下 965 千米处，气态氢在 1999℃ 的温度和巨大的压力下，变成了液态氢；大约在 25000 千米的深处，液态氢在 11000℃ 的温度和 300 万个大气压下，变成了固态金属氢。木星上的氢和氦挥发得很少，基本上保持了原始星云的化学组成，内部是处在高温高压下的液态氢。

虽然"先驱者"和"旅行者"姐妹探测飞船成功地拍摄了有关木星及其卫

星外貌和大气层的大量清晰照片，把人类对木星的认识向前推进了一大步，但是由于木星的云顶比较厚，无法弄清大气下层气体的状态，无从了解大气层内部各种状态参数随高度的变化，至今仍有许多奇特的现象无法得到合理的解释。

木星是一个很远的天体，离地球约 6.3 亿千米，但很明亮，亮度仅次于金星，用肉眼可看到。在古代，天文学家就发现了木星。

已知木星自转周期只有约 9 小时 50 分钟，比地球自转周期快 2.5 倍；但它绕太阳公转周期是 11.86 年，平均运行速度每秒 13.05 千米。

木星周围有厚厚的稠密大气，表面常年呈现数条色彩斑斓的彩带和不断变化的红色斑纹区。它是太阳系中最大的一颗行星，体积比地球大 1300 多倍；质量相当于 318 个地球，几乎等于太阳系其他行星质量总和的 2.5 倍。从质量、成分和平均密度很小来说，木星和地球以及水星、金星、火星等类地行星均十分不同。根据以前获得的资料，木星不仅在成分上与太阳颇相似，而且在结构上也有相似之处。科学家们设想，在 46 亿年前，太阳云气体尘埃凝聚成太阳系时，99.86% 的物质组成太阳，成为太阳系的中心天体，剩下的大部分组成木星，其他部分组成另外的行星和各种小天体。木星拥有 16 颗卫星，它和它的卫星构成的木星系统，就像一个小型的太阳系，科学家又推测木星系统的形成过程和太阳系的形成过程类似。

如果在形成太阳系时，最初云团中各成分比例均匀的话，由于木星质量特别大，氢气等较轻元素不易逃出它的引力场。因此木星的元素成分与 46 亿年前形成时应大致相同。从这个观点出发，科学家们制定了一系列木星探测计划，希望通过对木星的就近探测，直接测定木星大气中各种气体成分及其特性。搞清楚氢和氦在其大气中所占的比例，对研究太阳系的起源和演变会有极大帮助。

····■▶ **知识点**

木星能量

对木星的考察表明：木星正在向其宇宙空间释放巨大能量。它所放出的能量是它所获得太阳能量的两倍，这说明木星释放能量的一半来自于它的内部。木星内部存在热源。

太阳之所以不断放射出大量的光和热，是因为太阳内部时刻进行着核聚变反应，在核聚变过程中释放出大量的能量。木星是一个巨大的液态氢星球，本身已具备了无法比拟的天然核燃料，加之木星的中心温度已达到了 28 万 K，具备了进行热核反应所需的高温条件。至于热核反应所需的高压条件，就木星的收缩速度和对太阳放出的能量及携能粒子的吸积特性来看，木星在经过几十亿年的演化之后，中心压可达到最初核反应时所需的压力水平。

一旦木星上爆发了大规模的热核反应，以千奇百怪的旋涡形式运动的木星大气层将充当释放核热能的"发射器"。所以，有些科学家猜测，再经过几十亿年之后，木星将会改变它的身份，从一颗行星变成一颗名副其实的恒星。

"伽利略"号木星探测器

1989 年 10 月 18 日，美国宇航局用"亚特兰蒂斯"号航天飞机将"伽利略"号木星探测器送入轨道，这是美国宇航局第一个直接专用探测木星的航天器。

资料显示，"伽利略"木星探测计划始于 1978 年，而最初计划则始于 1982 年 1 月发射，后来因为经费不足、飞行设计修改和航天飞机发射失败等原因而先后 9 次变动计划，致使发射一再推迟。

资料显示，"伽利略"号探测器呈不规则长形体，总重约 2717 千克，由木星轨道器和再入器两部分组成。后在到达木星前约 150 天时，两者分离，轨道器环绕木星运行探测；再入器深入木星大气层考察。

该探测器的轨道器是由美国的喷气推进实转室设计、制造和操作的，其总重为

"亚特兰蒂斯"号航天飞机示意图

"伽利略"号探测器示意图

2378 千克，在正常的情况下以 3.15 转/分自旋稳定。其中的主要设备为：

（1）推进舱，包括一个机动推力器和一个单一入轨推力器，与推进剂一起共重约 1185 千克。

（2）2 台放射性同位素热电偶发电机，可提供 0~480 瓦的电力。

（3）一个约 5 米直径的高增益地球通信天线，用 S 和 X 波段与地球通信，定向精度为 0.1 度。

此外，轨道器上还装有很多精密的探测仪器，主要包括：

（1）CCD 摄像机，发回的照片清晰度比"旅行者"探测器的高 20~1000 倍，可分辨出木星卫星表面 30~50 米范围的细节。

（2）近红外绘图分光计，可探测出氮、磷化氢、水、甲烷、锗等组分。

（3）紫外分光计，它能探测出氮、氢和氧等。

（4）光子偏振、辐射计，可以测量偏振光和光强度。

（5）磁强计、高能粒子检测仪、等离子体检测仪、等离子体波分系统（测量电场和磁场变化）、尘埃粒子检测仪和重离子计数器等，可用于对木星磁层等的研究。

而再入器是由美国宇航局的艾迈斯研究中心负责设计，休斯飞机公司制造的。其外形呈扁锥体，总重约 339 千克，其中仅防热壳就重达 220 千克。其上有 2 台 1 波段发射机，它能以 128 比特/秒的速率发送测量数据，经轨道器中继到地球。而再入器上的探测仪器有：大气结构检测仪，能测量木星大气的温度、压力等；中性质谱仪，可测定木星大气组分；氦分量检测仪，用于测定木星大气中的氦气含量；测云计、纯流量辐射计以及光和射电检测仪等。

"伽利略"号的旅程并不幸运。为了进入预期的轨道，科学家们在地面指令太空船先进入金星的轨道，再借助引力来加速，再两度折回地球加速，然后前往木星。所以这使得原本预定 2 年半的旅程变成了 6 年。但时间不会白白浪费的，"伽利略"号利用增加了的旅程，对月球的光面和暗面的地表化学物质作出了比较，而且还对地球南极的臭氧层作出了大气观测。但在最后一次离开地球之前，问题却再度出现。"伽利略"号的主天线高增益天线被发现不能准确打开。高增益天线作为"伽利略"号和地球联络的主要工具，它的出错势必会造成严重的后果。本来"伽利略"号能每数分钟往地球发回一张照片，故障发生后变成了数周一张。幸而计算机技术的发展对此作出了弥补，数据能通过压缩再传送，这使得照片的传送时间减少为数小时。

在"伽利略"号掠过小行星带时，"伽利略"号对小行星 951 和小行星 243（Ida）做出了精密观测，发现 Ida 的卫星，并命名为 Dactyl。在 1994 年的彗星撞木星天文奇观中，"伽利略"号观测了舒梅克·利维九号彗星的碎片撞入木星的过程。

然而，在到达木星的 2 个月前，另一个问题发生了。"伽利略"号的磁带记录器发生了故障。而磁带记录器的主要任务是，记录"伽利略"号上各种仪器所探测到的结果，并在适当的时候发回地球。所以说，在主天线发生故障之后，磁带记录器的作用就显得非常重要了。为了对磁带记录器作出调整，"伽利略"号放弃了原本探测木卫 1 的计划。

"伽利略"号带有一个探测器，而该探测器的任务就是冲入木星的大气，并在燃烧殆尽前，尽可能多地发回数据。这是个艰难的任务，因为与木星大气摩擦将产生高达华氏 21000 度的高温。在打开降落伞减速之后，探测器将与抵挡高温的挡热板脱离，独自承受木星的风暴、高温和巨大的压力。在 1995 年 12 月 7 日，探测器进入了木星的大气，成功地发回了信号，并在降落了 57 分钟之后，被木星发出的热力烧毁。但这 57 分钟内却大大地增加了我们对木星的大气和气候的了解。

在某种意义上讲，"伽利略"号对研究木星的卫星也作出了很大的贡献。在"伽利略"号到达木星之前，人们一共发现了 16 颗木星的卫星。"伽利略"号到达后又发现了多个卫星。

由于受到辐射的破坏，"伽利略"号的摄影装置于 2002 年 1 月 17 日停止运作。工程师由于能够修复磁带的资料，因此它能在坠毁以前继续传送资料回地球。

从美国"伽利略"号探测器传回的资料表明，在木卫2的表层下可能有海洋。这一新证据再次为科学家们早先根据资料作出的"木卫2上有水"的假设添加了重量级砝码，并引起了生物学家对木卫2上是否存在生命的争论。

在随后的日子里，"伽利略"号探测器在距木卫2上空351千米的地方飞掠而过。令科学家感到震惊的是，木卫2地磁北极点的地理位置在变化，并且移动得很频繁，几乎每5个半小时就移动一定距离。

与此同时，这个结果也让许多科学家感到困惑：究竟是什么力量驱使木卫2的地磁北极点不断运动呢？"我认为这些发现告诉我们，在木卫2的地表之下有一个液体水层。"空间科学家玛格丽特·基维尔森说。事实上，按照科学家的解释，如果在木卫2的地表之下有一个液体传导层——诸如盐水层——那将可以最为完满地解释磁性极点的不断变迁。

"伽利略"号探测器在结束预期任务后，已于在美国东部时间2003年9月21日纵身"跳"入木星大气层，以一种近乎自杀的方式使自己焚毁，为长达14年的太空之旅画上了句号。

在1995年12月飞抵环木星轨道后的7年多时间内，它创造的纪录有：绕木星运行34周，与木星主要卫星35次相遇，发回包括1.4万张照片在内的3万兆比特数据，在木星的3颗卫星上发现了地下液态盐水存在的证据，第一次从轨道上对木星系统进行了完整考察，第一次对木星大气进行了直接测量。

美国宇航局原打算让"伽利略"号在环木星轨道上运行下去，但探测器有关木卫2上可能存在海洋的发现使专家们改变了想法。

●━━▶ 知识点

木星环

木星环是指围绕在木星周围的行星环系统。它是太阳系第三个被发现的行星环系统，第一个和第二个分别是土星环及天王星环。光环是木星环中最内部及最厚的。它的外部边界与主环内部边界在半径122500千米（1.72RJ）重叠。由此半径开始光环向木星快速增厚。光环的实际纵向伸延不明但其物质可以在距环面高度高至 10000 千米侦测到。光环的内部边界十分清晰并位于半径 100000 千米（1.4RJ）处，但部分物质被发现在 92000 千米的更深入地区。所以光环的阔度约为 30000 千米。

木星环首次被观测到是在 1979 年，木星环在 25 年来亦可以由哈勃太空望远镜及地球观察。在地上需要现存最大的望远镜才能够进行木星环的观察。

"冰月"轨道探测器

木星"冰月"轨道器是美国国家航空航天局的一项雄心勃勃的计划，主要目的是环绕木卫 2、木卫 3 和木卫 4 飞行，对它们进行详细考察。

因为在它们冰冷的表面之下，可能隐藏着巨大的海洋，这项计划被称为木星"冰月"轨道器，它将会环绕每颗卫星飞行，深入研究它们的组成、历史和可能存在的生命的情况。

因为"伽利略"号飞船已经发现木星的 3 颗巨大卫星上可能存在水、能量和必要的化学成分这 3 个基本生命要素的证据。并且木卫 2 上融化的水在最近的地质年代曾经暴露于表面，现在仍然可能位于距离表面相对较近的地方。按照计划，木星"冰月"轨道器对木卫 3 和木卫 4 的观察将会提供对比，以便了解所有这 3 颗卫星的演化情况。除此之外，它还将支持美国国家航空航天局的主要目标之一：探索宇宙，寻找生命。

鉴于基于核裂变反应堆的电子推进技术的首次使用，木星"冰月"轨道器将会革命性地将美国国家航空航天局的空间探测能力提高到一个新的水平。这一技术不仅使环绕木星的 3 颗卫星成为现实，还将为接下来对太阳系其他区域的详细考察铺平道路。

根据初步计划，发射将会在 2015 年进行，探测器将由普通化学火箭发射到地球高轨道，然后由基于核裂变反应堆的离子发动机推动前往木星，并于 2020 年 1 月进入木星轨道。

而后，探测器将花费 380 天时间环绕木星飞行，于 2021 年 1 月进入木卫 4 引力范围，并于 90 天后进入木卫 4 轨道，在近圆轨道环绕木卫 4 飞行 60 天，然后花费 88 天时间离开木卫 4 前往木卫 3。科学家们预计该探测器将于

2022 年 5 月进入木卫 3 引力范围，并于 96 天后进入木卫 3 轨道，在近圆轨道环绕木卫 3 飞行 120 天，然后花费 93 天时间离开木卫 3 前往木卫 2。而后，探测器将花费 165 天时间环绕木星飞行，于 2023 年 8 月进入木卫 2 引力范围，并于 65 天后进入木卫 2 轨道，在近圆轨道环绕木卫 2 飞行 30 天。

···➤ 知识点

木星大红斑

木星大红斑是木星的一个特征，它大到足以圈下 3 个地球。1660 年人们对这块大红斑首次作了描述，300 多年来，人们一直在观察它。它已经改变了颜色和形状，但它却从来没有完全消失过。木星大红斑是木星上最大的风暴气旋，长约 25000 千米，上下跨度 12000 千米，每 6 个地球日按逆时针方向旋转一周，经常卷起高达 8 千米的云塔。

近看哈雷彗星的探测器

JINKAN HALEI HUIXING DE TANCEQI

彗星又称"扫帚星",因为它出现时,拖着一个像扫帚似的长长尾巴,故名。

我国古代曾把扫帚星的出现看做一种不祥之兆。在西方,直到牛顿才初步掌握彗星的运动规律。牛顿认为:如果有两颗彗星经过一定的时间后出现,描画出相同的曲线,那么就可以下结论说,这先后两次出现的是同一颗彗星。

1705年,英国著名的天文学家爱德蒙·哈雷根据牛顿的论断,首次利用万有引力定律推算出1682年出现的大彗星的运行轨道及其运行的周期性,并且他认为这颗彗星与1531年、1607年出现的彗星是同一颗,并预测它约以76年左右的时间为周期绕太阳运行。哈雷说:"我坚决预言,这颗彗星在1758年还要回来!"

后来,法国数学家克罗雷等人发现,这颗彗星在运行中将要受到来自较远的木星和土星的摄动力的影响,通过重新计算,认为这颗彗星将要推迟到1759年4月出现。

1759年3月13日,这是天文学史上值得纪念的日子。当这颗大彗星在群星中穿过的时候,在地球上,人们用肉眼也可以看到。

彗星和行星一样,也是绕太阳运行。虽然哈雷在1742年就离开了人世,没能亲眼看到他所预言的现实,但这颗彗星仍然被命名为"哈雷彗星",以此表达人们对他的纪念。

哈雷彗星

　　和小行星一样，彗星也是太阳系的成员。除了离太阳很远以外，彗星的外表不像小行星。它的形状生得特异，头上尖尖，尾部散开，很像一把扫帚，通常叫"扫帚星"。实际上，彗星分为彗核、彗发和彗尾 3 个部分。彗核由比较密集的固体质点组成，周围云雾状的光辉是彗发。彗核和彗发合称彗头，后面长长的尾巴叫彗尾。

　　太阳系中有很多彗星，其中哈雷彗星最为著名，它的周期是 76 年。它的椭圆轨道非常非常扁，太阳处在这个极扁椭圆轨道一头的焦点上。每当彗星接近太阳时，它迅速增强亮度；在远离太阳而去的大部分时间里，人们是看不到它的。哈雷彗星第一次是在 1910 年通过太阳时被观测到的，因此在上次，即 1986 年它再次接近太阳时，各国科学家纷纷出动，根据各自的设备条件，组织力量抓住这个机会进行观测。

　　苏联发射的"韦加1"号和"韦加2"号，西欧发射的"乔托"、日本发射的"彗星"号及"先驱"号等 5 艘探测飞船从不同方面对哈雷彗星进行了就近探测。1986 年 10 月，世界各国 500 多名专家讨论收集到的科学证据的重要意义。现在这颗著名彗星的彗核形状、结构，彗星与太阳风之间的相互作用等问题初步揭晓，深入的信息资料研究还要进行若干年。

　　"韦加1"号、"韦加2"号在完成了探测金星计划之后，于 1986 年 3 月 6 日和 3 月 9 日分别进入了哈雷彗星包层，并且在距彗核 8900 千米和 8200 千米处飞越彗尾，第一次获得了彗核的大幅图像。探测器测量了彗星的温度和某些物理化学参数，分析彗星气体尘埃的化学组成，并且研究了电磁场和物理过程。"韦加1"号、"韦加2"号向地面共发回 1200 张不同光谱段的彗星照片，使得苏联科学家作出如下结论：彗核是一个花生形状的均匀天体，其中一个直径约 14 千米，另一个直径约 7 千米。哈雷彗星的彗核表面极其黑，太阳照射的反射系数只有 4%。彗星照片非常清晰，表明是由冰雪和尘埃粒子组成。虽彗核对太阳光反射极微弱，但当它接近太阳时，其中的冰升华为水蒸气，与尘埃一起形成彗发，而充满水蒸气的彗发在太阳光的照耀下能很好地反射阳光，因此人们从地面观察到彗星很明亮。

彗核的温度原先认为大约是 −50℃，但实际上经测量要比这高出 100℃。"韦加"还首先发现彗核中存在着二氧化碳，并找到了简单的有机分子，使科学家增强了从彗核中寻找生命起源的信心。

由于苏联提供"韦加 1"号、"韦加 2"号弹道数据和这两个探测器获得的哈雷彗星准确运行轨道信息的引导，西欧较晚些时候发射的"乔托"探测器得以修正自己的轨迹，最终在 1986 年 3 月 14 日距彗核只有 520～550 千米的更近处飞越并摄取了近距离彗核图像。

"乔托"探测器向地面共传回 1480 张哈雷彗核照片，由于拍摄距离比"韦加"探测器的距离近，照片更详细反映了彗核的面貌：彗核的形状凹凸不平，上面有两条从彗核表面的裂缝和奇特的喷嘴里喷射气体和尘埃的大喷气流，其喷射速度迅猛，而且是从彗核向太阳的一面喷出。乔托测得的彗核大小长 15 千米，宽 8 千米，应该认为比韦加所测彗核大小的数据更准确些。从"乔托"的照片上看，哈雷彗核上还有一座小山和一些陨石坑，整个彗核像烧焦的土豆。

"乔托"探测器在距彗核 700 万千米以外的太空中检测出尘埃粒子，表明哈雷彗星尘埃粒子扩展的范围十分广大。"乔托"还分析了彗核附近的气体质量，检测出十几种分子，除水分子外，还新发现 $HCO \cdot H_3O$ 离子等。

日本发射的"彗星"号探测器观测了哈雷彗星彗发周围直径达 1000 万千米以上的氢冕。彗发中的氢原子散射太阳光中的紫外线而发亮，这就是所谓的氢冕或叫氢云。氢冕是不可能用可见光观测的，但可用紫外线观测。"彗星"号探测器上的紫外照相机从距彗核 12000 万千米的地方拍得氢冕照片。该探测器还观测了太阳放出的高速粒子流，即太阳风。彗发的气体由于紫外线的照射而变化，形成离子和电子。这些离子和电子沿太阳风运动的磁力线流去，形成离子彗尾。离子彗尾随着太阳风的变化而时时刻刻改变着形状。"彗星"号探测器检测出太阳风中的离子，并在距离彗核 15 万千米的地方检测出彗发中的离子，调查两者之间的相互作用。

科学家们确认，太阳风离子受到哈雷彗星的影响。太阳风离子在不受哈雷彗星影响时秒速 450 千米。科学家了解到，哈雷彗星接受太阳热量最高时

（1986年3月1日前后），每秒蒸发约16吨水分，比1985年11月前后增加约100倍。哈雷彗星每接近太阳1次，便蒸发掉2厘米厚的尘埃物质，因此哈雷彗星的寿命是有限的，根据科学家估计，它还可存在1万年左右。

这次对哈雷彗星的全面探测，是国际科学界的大事。收集到的信息和数据，对彗星物质的综合研究具有根本意义，因为科学家们认为，在大部分时间里彗星不受太阳影响，所以它们能以原始形态维持其物质。

美国没有发射探测器对哈雷彗星进行考察，但人类对彗星的首次考察是由美国进行的。1985年9月11日，美国太空船"国际彗星探险者"在距地球7000万千米处与贾科比尼·津纳彗星相会，并在极高的温度下穿过彗尾而未受到任何损害。它是在距彗核7884千米处穿过彗尾的，历时15分钟。测得彗尾宽度在14500～16000千米之间，而不是科学家原来计算的4800千米；这颗彗星的等离子彗尾可能比原来估计的大五六倍，而彗星的磁场显然比地球小得多。

····➡➡ 知识点

彗星成分

水、氨、氮、甲烷、一氧化碳、二氧化碳和不完备分子的自由基，是哈雷彗星彗尾的主要成分。

彗核的成分以水冰为主，占70%，其他成分是一氧化碳（10%～15%）、二氧化碳、碳氧化合物、氢氰酸等。整个彗核的密度是水冰的10%～40%，所以，它只是个很松散的大雪堆而已。在彗核深层是原始物质和较易挥发的冰块，周围是含有硅酸盐和碳氢化合物的水冰包层，最外层则是呈蜂窝状的难熔的碳质层。对哈雷彗星的紫外线和射电观测已提供了首次直接证据，证明其彗核主要是由普通水冰构成。天文学家已探测到氢氧根，它是彗星受到太阳紫外辐射辐照时水的分解产物。当哈雷彗星靠近太阳时，太阳的热量足以使其冰冻物蒸发而形成巨大的气体头部，即慧发。

最近用拉帕耳马的牛顿望远镜进行的光谱观测表明在彗发中有 CN、C_2 和 C_3 基的证据，它的总延伸广度为10弧分（月亮表观尺寸的1/3）。在幽冷深邃的空间，它们和尘埃沙砾一起，冻结成硬邦邦的团块。科学家形象地把彗星称为"脏雪球"。

三大探测器聚彗星

科学研究表明，在太阳系中，许多彗星在地球等行星的形成过程中被"消耗"掉了，而未变成行星的那些彗星则可能仍保持着原始状态。事实上，彗星的原始材料会提供亿万年前宇宙演化过程的线索。可以说，彗星将为科学家们提供一个窥视46亿年前太阳系形成的化学过程的窗口。

现在有一种流行的观点认为，撞入地球的彗星促进了生命形成的化学过程。毋庸置疑的一点则是，探测器发回的数据和带回的样品将有助于揭开种种疑团。于是新世纪伊始，各航天大国掀起了一股彗星探测热。

此次彗星热将意味着又一场太空竞赛拉开了序幕，并且与1986年的那场竞赛相比目标更高：不仅是照相而已，而是要登陆、采样、返回地球。

资料表明，"报名"参加这场竞赛的主要"选手"有欧洲空间局的"罗塞塔"号探测器和美国的"深空1"号探测器等。

"罗塞塔"号探测器已于2004年3月2日由阿丽亚娜—5G型火箭运载，从法属圭亚那库鲁航天中心升空，预计于2011年抵达维尔塔宁彗星。欧洲空间局的目标是使其成为在彗星上登陆的第一个探测器。而"罗塞塔"号的任务则是测量维尔塔宁彗星表层

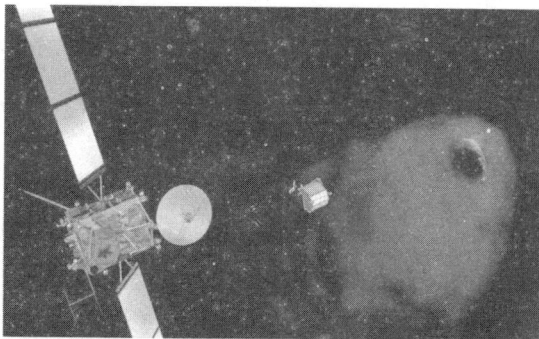

"罗塞塔"号探测器示意图

以及表层以下20厘米深处未暴露在阳光下的物质性质，并发回数据。

"罗塞塔"号探测器航行路线十分漫长，途中还要两次利用地球引力助推，一次利用火星引力助推，才可使其进入与维尔塔宁彗星相似的轨道，这

样就能以较低速度实施交会。科学家们估算，从 2011 年起"罗塞塔"号将与维尔塔宁彗星实施长达 22 个月的交会。

1998 年 10 月，美国成功发射了"深空 1"号探测器，并已于 2002 年 9 月在距离博雷利彗星 2200 千米处掠过。该探测器除发回黑白照片之外，还向地面发回了有关彗星周围气体和红外线的数据。这些照片比"乔托"号拍摄的哈雷彗星的照片质量还要好，从照片上可以清晰地看出博雷利彗星上存在多种地形，既包括平原，也有起伏的丘陵。

"深空 1"号探测器示意图

同"深空 1"号相比，美国宇航局的"彗核旅行"彗星探测计划则进行得并不顺利。总造价高达 6000 万美元的"彗核旅行"号在 2002 年 7 月 3 日发射升空。科学家们指出，该探测器目标有 2 个，一是恩克彗星，它于 1786 年被发现，是彗星家族中已知轨道周期最短的，绕太阳 1 周只需 2.3 年。而该探测器下一个目的地则是施瓦斯曼—瓦赫曼 3 彗星。此外，还争取对另一颗名为"达雷斯特"的彗星进行探测。

按照设计，"彗核旅行"号将以约 100 千米的距离飞掠每颗目标彗星。探测器上装备的高精度照相机，能拍下直径为 4 米的天体表面特征，获取有关彗核尺寸、形状、亮度和颜色等数据。另外，探测器上还携带了尘埃和气体分析仪等仪器。

然而，不幸的是"彗核旅行"号于 8 月 15 日与地面失去了联系，科学家们确认它已意外地碎裂成了 3 块。

知识点

大彗星

大彗星是对地球上的观测者来说特别明亮和壮观的彗星，以过去的数字来看，平均约 10 年才会出现一颗。

要预测某颗彗星是否能成为大彗星是很困难的，有许多因素都会造成彗星的光度与预测的不同。一般而言，有巨大或活跃核心的彗星，如果够接近太阳，从地面观察时在最亮的时刻又没有被太阳遮蔽掉，它就有机会成为大彗星。

彗星在被发现后，会以发现者的名字作为正式的名称，但有些特别亮的反而会以最明亮的年份直接称为××年大彗星。

两剑客探彗星

1978 年 8 月，美国发射了"国际日地 3"号探测器，它的本职工作是观测太阳风，当时没有人预料到有朝一日要派它去考察一颗彗星。

该探测器在太空工作了 4 年后，科学家们建议通过多次点火并借助月球重力场，以便于让"国际日地 3"号探测器完成一系列复杂的机动飞行，最后进入一条与贾科比尼·津纳彗星交会的轨道去完成对该彗星的考察工作。

1983 年 3 月，"国际日地 3"号探测器开始了"向月球借力"的机动飞行。在随后的日子里，该探测器 4 次接近月球。1983 年 12 月 22 日"国际日地 3"号探测器第 5 次从距月球

"国际日地 3"号探测器

120千米处掠过。后来它在月球重力场的作用下，被甩出地球—月球系统，进入环绕太阳的轨道，飞向贾科比尼·津纳彗星。从那时起，它拥有了一个新的名字叫"国际彗星"探测器。

1985年9月11日，"国际彗星"探测器成为第一个与彗星会合并发回资料的探测器，它也是第一个穿过彗尾的探测器。

"国际彗星"探测器对贾科比尼—津纳彗星的探测开辟了国际航天界竞争的新领域，而事实上，哈雷彗星随后在1986年飞临地球又给这场竞争提供了大舞台。

当哈雷彗星临近地球之际，苏联、日本和欧洲空间局纷纷发射探测器登空"窥视"哈雷彗星。那次彗星热实际上是一场太空实力竞赛：看看谁家的探测器与彗星靠得最近、照相最多、最清晰。竞赛的结果是欧洲空间局的"乔托"号探测器在距哈雷彗星607千米处拍下了不少的相片，成果丰硕。

1985年7月2日，"乔托"号哈雷彗星探测器发射升空。该探测器的外形是一直径为1.8米、高3米的圆柱体，重950千克。1986年3月14日，"乔托"号从距哈雷彗星彗核中心607千米处掠过，拍摄到1480幅哈雷彗星彗核的详细照片。照片显示彗核形状凹凸不平、参差不齐，彗核长15千米、宽8千米。

在随后"乔托"号与哈雷彗星会合时，彗星散发出的尘埃粒子以每秒70千米的高速冲击探测器，导致探测器严重损伤，幸好有一半的仪器仍能正常工作。而在"乔托"号完成探测哈雷彗星的任务后不久，就同地面失去了联系。

1984年12月15日和21日，苏联先后发射了"韦加1"号和"韦加2"号两个探测器。该探测器重4吨，装有质谱仪、磁强计、电子分析器、电视摄像机及其他科学探测装置。

1986年3月6日，"韦加1"号到达距哈雷彗星彗核8900千米处，首次拍摄到彗核照片，并且揭示出了彗核是由冰雪和尘埃粒子组成的。而"韦加2"号于同年的3月9日从距彗核8200千米处飞过，拍摄到了更清晰的彗核照片。"韦加"号探测器还首次发现彗核中存在二氧化碳，并找到了简单的有机分子，因此，科学家们认为从彗核中可寻找到生命起源的信息。

1985 年 1 月 8 日，日本的第一个行星际探测器"先驱"号发射升空，并在 1986 年 3 月 11 日从距哈雷彗星 700 万千米处飞过。它用磁强计、等离子体探测器和用于测量太阳风离子速度、密度和温度的仪器，探测了太阳风和彗星的相互作用。

1985 年 8 月 19 日，日本又向哈雷彗星发射了"彗星"号探测器，它于 1986 年 3 月 8 日从距彗核 15 万千米处掠过，拍摄到了彗发周围的氢冕，获得不少数据。

资料表明，"星尘"项目开始于 1999 年，总投资约 1.68 亿美元（不包括飞船发射费用），其中约 1.28 亿美元用于"星尘"号飞船的研发，而其余则用于了项目控制。

1999 年 2 月，"星尘"号飞船发射升空。在随后的日子里，便朝着距地球 8.2 亿千米的"维尔特 2"号彗星飞去。科学家指出，该彗星迄今仅围绕太阳飞行过约 5 圈，研究该彗星将有助于回答太阳系起源等基础性问题。

为了实现与"维尔特 2"号彗星最近距离的"亲密"接触，"星尘"号飞船绕太阳转了 3 圈，跑了 34 亿千米才遇到"维尔特 2"号彗星。2004年 1 月，书橱大小的"星尘"号与"维尔特 2"号彗核的最近距离达到 240 千米时，飞船上伸出的一个网球拍大小的尘埃采集器，成功捕获到彗星物质粒子。而与此同时，飞船上的光学导航相机还抓拍了一些彗核照片，以作纪念。在 2000 年 2 ~ 5 月和 2002年 8 ~ 12 月期间，"星尘"号还捕获了太阳系星际尘埃粒子。科学家认为，这些粒子可能保留了太阳系诞生之前的宇宙构成信息。

"星尘"号探测器示意图

2006 年 1 月 15 日,"星尘"号探测器的返回舱在犹他州沙漠中成功着陆。这是人类太空探测史上第一次获取彗星物质和星际尘埃样品。

➤➤➤ 知识点

彗星命名

国际上对新彗星的发现一直很重视,目前每年平均可以发现彗星上百颗。

彗星命名办法是国际天文联合会在 1995 年 1 月 1 日开始采用的,就是在发现时的公元年号加上这年的那半个月的大写字母(A = 1 月 1 日 ~ 15 日,B = 1 月 16 日 ~ 31 日,C = 2 月 1 日 ~ 15 日,……Y = 12 月 16 日 ~ 31 日,I 除外)。再加上这半个月里面代表发现先后次序的阿拉伯数字。为了让人们了解每颗彗星的性质,前面还加上前缀。P/表示短周期彗星;C/表示长周期彗星;D/表示丢失的彗星或者不再回归的彗星;A/表示可能是一颗小行星;X/表示无法算出轨道的彗星。例如,4000 年 1 月 10 日发现一颗彗星,这是一颗长周期彗星,也是该年 1 月上旬发现的第 50 颗彗星,发现者是 Tom,则彗星命名为 C/4000 A50 Tom。

由于有时候刚发现的彗星被误认为小行星,因此有一些彗星带有小行星的编号,例如 C/2000 WM1 LINEAR 就是这样的例子。

对于确认以后的短周期彗星还要加上编号,例如 1 号是哈雷彗星,2 号是恩克彗星,等等。如果一颗彗星已经碎裂,那么就要在名字后面加上 - A,- B,以便区分每一个碎核。

"自由行"的探测器

ZIYOUXING DE TANCEQI

　　人类虽然一直向往广漠的宇宙空间，但真正有意义的行动始于1783年施放的第一个升空气球，限于当时的技术条件，不可能上升很高，探测的局限性很大。第二次世界大战后发射的 V – 2 探空火箭，最高也只达到约160千米的高度。20世纪50年代，由大量的地面台站、气球和火箭等组成全球协同的观测体系，但并未取得突破性成果。1957年10月4日，第一颗人造地球卫星发射成功，从此人类跨进了宇宙空间的大门，开始了空间探测的新时代。

　　迄今，各种宇宙探测器已先后对月球、水星、金星、火星、木星、土星、天王星、海王星、冥王星、哈雷彗星以及许多小行星、卫星进行了近距离或实地考察，获得了丰硕的成果。像金星终日蒙上的一层密雾浓云及温暖世界，火星上的所谓人工运河和生命存在之谜，土星的奇异光环和卫星家族，最大的木星及其极光景观等，通过探测器的探访，大都陆续寻觅到了答案，而且不断获得新的发现，在人们面前展现出一幅崭新的太阳系面貌。现在，"先驱者11"号和"旅行者2"号探测器经过数十年的漫长旅途，在造访众多行星之后，已经飞到了太阳系的边缘。它们肩负着人类神圣的使命，奔向更加遥远的恒星世界。形形色色、多姿多彩的宇宙探测器必将在探索太空，开发宇宙中建立新的功绩。

"旅行者"系列探测器

　　"旅行者1"号是由美国太空总署制造并发射的一艘无人外太阳系太空探测器，该探测器重815千克，于1977年9月5日发射，截至2006年仍然正常运作。它曾到访过木星及土星，是第一艘太空船，提供了其卫星的高解像清晰照片。它是迄今离地球最远的人造飞行器。它的飞行速度比现时任何人造太空船都较快一点，它的一生里曾受惠于几次引力加速。截至2006年，"旅行者1"号已经抵达太阳系最外层边界，并即将飞出太阳系。

"旅行者1"号探测器示意图

　　截至2007年4月4日，"旅行者1"号正处于离太阳15.18太米（即15.18×10^{12}米或15.18×10^9千米或101.4天文单位或90.4亿英里），进入了日鞘，即介乎太阳系与星际物质之间的终端震波区域。如果"旅行者1"号最终在离开日球层顶后仍能有效运作，科学家们将有机会首次量度到星际物质的实际情况。依据现时的位置，太空船发出的信号需要13个小时以上才能抵达它的控制中心——美国宇航局与位于加州帕萨蒂纳的加州理工学院合作的喷气推进实验室。"旅行者1"号在沿双曲线轨道飞行，并已经达到了第三宇宙速度。这意味着它的轨道再也不能引导太空船飞返太阳系，与没法联络的"先驱者10"号、已停止操作的"先驱者11"号及其姊妹船"旅行者2"号一样，成为了一艘星际太空船。

　　事实上，"旅行者1"号原先的主要目标是探测木星与土星及其卫星与环，而现在任务已变为探测太阳风顶以及对太阳风进行粒子测量。

　　事实上，这两艘"旅行者"号探测器，都是以3块放射性同位素温差发电机作为动力来源。这些发电机目前已经大大超出了起先的设计寿命，一般认为它们大约在2020年之前仍然可提供足够的电力令太空船能够继续与地球联系。

"旅行者1"号最初计划属于水手计划里的"水手11"号太空船，它的设计利用了属于当时的新技术引力加速。幸运的是，这次任务刚巧碰上了176年一遇的行星几何排列。太空船只需要少量燃料以作航道修正，其余时间可以借助各个行星的引力加速，以一艘太空船就能造访太阳系里的4颗气体行星：木星、土星、天王星及海王。两艘姊妹船"旅行者1"号及"旅行者2"号就是为了这次机会而设计，它们的发射时间被计算过以便尽量充分利用这次机会。由于赶上了这个机会，所以两艘太空船只需要用上12年的时间就能造访4个行星，而非一般的30年时间。

1979年1月，"旅行者1"号首先对木星进行了拍摄。由于在同年的3月5日离木星最接近，只距离木星中心349000千米。所以，太空船在48小时的近距离飞行时间中，得以对木星的卫星、环、磁场以及辐射环境作深入了解及高解像度拍摄。

在顺利地借助了木星的引力后，太空船开始朝土星的方向进发。"旅行者1"号于1980年11月掠过土星，并在11月12日最接近土星。太空船探测到土星环的复杂结构，并且对土卫6上的大气层进行了观测。由于发现了土卫6拥有浓密的大气层，喷气推进实验室的控制人员最终决定了让"旅行者1"号驶近一点土卫6进行研究，并随之终止了它继续探访其余2颗行星。结果造访天王星和海王星的任务只得交予"旅行者2"号。这次靠近土卫6的决定使太空船受到了额外的引力影响，最终使太空船离开了黄道，终止了它的探索行星任务。

值得一提的是，"旅行者1"号上携带了一张铜质磁盘唱片，内容包括用55种人类语言录制的问候语和各类音乐，旨在向"外星人"表达人类的问候。唱片有12英寸厚，镀金表面，内藏留声机针。55种人类语言中包括了古代美索不达米亚阿卡得语等非常冷僻的语言，以及4种中国的方言（普通话、厦门话、广东语、吴语）。问候语为："行星地球的孩子（向你们）问好"。此外，该唱片还包括了以下内容：

时任联合国秘书长库尔特·瓦尔德海姆的问候。

时任美国总统卡特的问候，其内容是："这是一份来自一个遥远的小小世界的礼物。上面记载着我们的声音、我们的科学、我们的影像、我们的音乐、我们的思想和感情。我们正努力生活过我们的时代，进入你们的时代。"

除此之外，还包括一个90分钟的声乐集锦，主要包括地球自然界的各种声音以及27首世界名曲，其中有中国京剧和古曲《高山流水》、莫扎特的《魔笛》和日本的尺八曲等。另外，还

联合国第四任秘书长库尔特·瓦尔德海姆

时任美国总统卡特

有115幅影像，太阳系各行星的图片、人类生殖器官图像及说明等。

1977年8月20日，美国国家航空航天局发射了一艘无人宇宙飞船"旅行者2"号。它与其姊妹船"旅行者1"号基本上设计相同。两者所不同的就是"旅行者2"号循一个较慢的飞行轨迹，使它能够保持在黄道（即太阳系众行星的轨道水平面）之中，借此在1981年的时候通过土星的引力加速飞往天王星和海王星。正因如此，它并没有像它的姊妹"旅行者1"号一样能够如此靠近土卫六。但它因此而成为了第一艘造访天王星和海王星的宇宙飞船，抓住了这个176年一遇的行星几何排阵而造访四颗行星的机会。

事实上，"旅行者2"号被认为是从地球发射的太空船中最多产的一艘宇宙飞船。科学家们之所以如此下评价，主要是因为在美国国家航空航天局对其后的"伽利略"号和"卡西尼—惠更斯"号等的计划上收紧花费之下，它仍能以强大的摄影机及大量的科学仪器造访四颗行星及其卫星。

资料显示，1979年7月9日，"旅行者2"号最接近木星，在距离木星云顶570000千米处掠过。这次拜访意外地多发现了几个环绕木星的环，并拍摄

了一些木卫1的照片，显示其火山活动。

我们知道，木星是太阳系里最大的行星，主要由氢及氦及少量的甲烷、氨、水蒸气和其他合成物组成，而中央则是一个由硅酸盐岩石和铁组成的核。木星上颜色多姿多彩的云层，显示了木星大气层里变幻莫测的天气。木星的公转周期

"旅行者2"号宇宙飞船

是11.8年，而自转周期则是9小时55分钟。

虽然天文学家透过望远镜研究了这个行星好几个世纪，但"旅行者2"号的发现仍然为科学家们带来惊讶。例如木星大气层上著名的大红斑风暴被发现是一个以逆时针方向转动的复杂风暴系统，与此同时，也发现了一些细小的风暴和旋涡。

而另一样令科学家们感到震惊的是在木卫1上发现了活火山。这是因为科学家们首次在太阳系的其他星体里发现了仍然活跃的火山活动。此次，"旅行者2"号总共观测了木卫1上9座火山的爆发，也证实了在2艘旅行者太空船的造访期发生的其他火山爆发。相关资料显示，火山爆发造成的烟雾被喷射至距离木卫1表面300千米（190英里）以上的高空。而从火山爆发喷射出的物质速度则更高达1千米/秒。科学家们分析认为，木卫1上的火山爆发能量可能来自其与木星、木卫2和木卫3之间的潮汐力。由于这3颗卫星被锁定于拉普拉斯共鸣轨道上，即木卫1自转两次、木卫2就会自转一次；而当木卫2自转两次，木卫3又会自转一次。事实上，虽然木卫1总是以一面对着木星，但木卫2和木卫3却让其产生了轻微的摇摆。这种摇摆力量作用大得使木卫1弯曲达100米（330英尺），而相对地球而言，却只有1米（3英尺）而已。事实表明，木卫1上的火山活动也影响了整个木星系统，它的影响力遍及木星的磁圈。硫酸、氧及钠显然随木卫1上的火山喷出，卫星的表面也受到高能量的粒子影响而被喷溅。这些喷溅甚至到达了木卫1的磁圈边界，

离开其表面数百万英里之远。

而至于木卫2方面，从"旅行者1"号的低解象度照片中便可以看到其表面出现了纵横交错的纹理。起初，科学家们相信那些纹理是源自地壳移动或地壳构造活动而成的裂纹。但其后从"旅行者2"号提供的高解像度照片却让科学家们感到懊恼，因为那些特征却又欠缺了地形学上的轮廓。某位科学家曾形容说："那些特征就像是一枝粗头墨水笔画上去一样。"那么，究竟是什么原因造成如此的纹路呢？科学家们认为有可能是因为木卫2也同样受到了潮汐力影响，使其内部出现了如木卫1 10%或以下的摩擦力及热力。一般认为木卫2有一薄的冰造的地壳（少于30千米或18英里），下藏一个深约50千米（30英里）的海洋。

我们或许知道，木卫3是太阳系里最大的天然卫星，其直径达5276千米（3280英里）。而"旅行者2"号的这趟旅程同时也证实了木卫3上有2种明显的地形：多坑及多深沟。科学家们认为木卫3的冰地壳正受到地壳构造活动等的张力影响。

相对而言，木卫4地壳上残留的古老陨石坑则显示了很多被陨石撞击过的痕迹。科学家们根据资料分析指出，木卫4上最大的陨石坑显然因地壳上的冰层移动而随时间被填去，因为在布满撞击痕迹的盆地上几乎没有任何显而易见的地形特征残留。

此外，"旅行者2"号还发现木星拥有一个暗淡而粉状的环。据科学家计算，环的外边距离木星中心129000千米（80000英里），而内里的边界则距离木星中心30000千米（18000英里）。同时，这趟旅程也发现了木卫15和木卫16两颗细小的卫星，它们刚好在木星环的外围运行。而第三颗新发现卫星木卫14则夹在木卫5和木卫1中间的轨道运行。

研究发现，木星的环和其卫星都出现在其密集而布满电子和离子辐射带的磁场之中。这些粒子和磁场组成了木星的磁圈，向太阳方向延伸3～7百万千米，并延伸到至少到达土星的轨道，即7.5亿千米（4.6亿英里）之外。由于磁圈会跟随木星转动，所以磁圈在扫过木卫1的同时，会在每秒剥去1吨的物质。这些物质会形成一个在紫外光下才看见的环形离子云，这团离子云会向外移动，使木星的磁圈比正常的大出2倍。而一些精力旺盛的硫酸和氧离子会堕进了这个磁场继而进入了木星的大气层之中，便形成了极光。

1981 年 8 月 25 日，"旅行者 2"号最接近土星。当太空船处于土星后方时（相对地球而言），它用雷达对土星的大气层上部进行了探测，并度量了气温及密度等。"旅行者 2"号发现高层位置（气压相当于 700 帕时）的气温为 70 开（－203℃），而在低层位置（气压相当于 12000 帕）则度量出 143 开（－130℃）。

在掠过土星后，船上的拍摄平台被卡住了，导致前往天王星和海王星的任务产生变量。所幸地面的工作人员最终把问题解决。最终，太空船仍是接到继续前进的指令，前往天王星。

资料显示，"旅行者 2"号在 1986 年 1 月 24 日最接近天王星，并旋即发现了 10 个之前未知的天然卫星。除此之外，太空船也探测了天王星原始而独特的大气层，并观察了它的行星环系统。

我们知道，天王星是太阳系第三大行星，它在距离太阳约 28 亿千米处围绕太阳公转。其公转周期是 84 年，而自转周期则是 17 小时 14 分钟。有趣的是，天王星的自转有点独特，这主要在于它实际上是倾倒在其轨道滚动，一般认为这个不寻常的位置是由于在太阳系的形成早期曾与一颗行星大小的星体碰撞过的缘故。鉴于它的奇怪定位，便导致它的两极会分别接受长达 42 年的白昼或晚上，所以科学家们都不知道会在天王星上发现些什么。

除此之外，天王星的辐射带还被发现如土星的一样密集。辐射带里辐射的密集程度，会令光线把任何困在卫星或环里冰面上的甲烷迅速地（在 100000 年以内）变暗。如此一来便解释了为什么天王星的卫星及环大部分都以灰色为主。

"旅行者 2"号还在日光直射的一极检测到了一些高层次的雾，并发现这些雾帮助散播大量的紫外光，科学家把这个现象称为"日辉"，其平均温度是 60 开（－350°F）。令人惊讶的是，即使是被照射的一极和黑暗的一极，在整颗行星上的云顶气温几乎一致。

1989 年 8 月 25 日，"旅行者 2"号接近海王星。由于这是"旅行者 2"号最后一颗能够造访的行星，所以科学家们便决定将它的航道调校至靠近一点海卫 1，从而不再理会飞行轨迹，就像"旅行者 1"号完成造访土星后不理飞行轨迹靠近一点土卫6进行研究一样。

此次,"旅行者2"号意外发现了海王星的大暗斑,但是后来哈勃空间望远镜在1994年再次观测时暗斑却消失了。最初被认为是一片大的云,但后来却被认为是云层上一个空洞。

"旅行者2"号造访海王星后,冥王星是当时唯一一个仍然未被任何从地球飞去的太空船造访过的行星。但后来在国际天文学会重新定义行星后,冥王星被降级为一颗矮行星。因此,"旅行者2"号在1989年的掠过,使太阳系中所有行星都至少被人造太空船探访过一次。

此外,"旅行者2"号还飞向海卫1进行了考察,发现海卫1确是太阳系中唯一一颗沿行星自转方向逆行的大卫星,也是太阳系中最冷的天体,但要比科学家们原来想象中的更亮、更冷和更小,表面温度为 −240℃,部分地区被水冰和雪覆盖,时常下雪。上面有3座冰火山,曾喷出过冰冻的甲烷或氮冰微粒,喷射高度有时达32千米。科学家们分析后指出,海卫1上很可能存在液氮海洋和冰湖、断层、高山、峡谷和冰川。这就表明海卫1上可能发生过类似的地震。海卫1上有一层由氮气组成的稀薄大气层,它的极冠由冻结的氮形成一个耀眼的白色世界。

在2006年9月5日,"旅行者2"号正处于距离太阳80.5个天文单位(大约相等于12太米)左右,深入于黄道离散天体之中,并正以每年3.3个天文单位的速度前进。这个距离是太阳与冥王星之间距离的2倍,并比塞德娜的近日点较远,但仍未超越厄里斯的轨道最远处。

科学家们最后指出,"旅行者2"号将会继续传送信号直至2020年为止。

"旅行者2"号是怎样一艘探测飞船

"旅行者2"号是美国在1977年8月20日发射的行星探测飞船,相继就近探测了木星、土星、天王星和海王星以及这些行星的主要卫星,在美、苏发射的众多行星探测飞船中,它是访问天体最多的星际探测飞船,确实是表现突出,功绩卓著,为人类了解太阳系作出了巨大贡献!

"旅行者2"号探测飞船起飞重量为820千克,由65000个零件组成,主体是16面体,中央有一个储存推进剂的球形燃料箱。主体四周安装各类无线电设备。主体上方有一个直径为 3.7 米的抛物面天线，它是飞船在深空中与地球保持通信联络和传递信息的主要工具。

飞船共携带 12 件科学仪器，根据它们的用途可分为 3 类：第一类是摄像设备，包括电视摄像机、红外光和紫外光的光谱计以及偏光计；第二类是宇宙空间环境探测设备，其中包括宇宙射线探测器、宇宙粒子探测器和磁场计；第三类是行星射电天文接收机和鞭状天线，主要用来进行射电研究，以便了解行星及其卫星的大气层和电离层特性。

飞船主体右下方还悬挂三节同位素核电源，其所以有必要，是当"旅行者 2"号进入深空探测土星以及土星以外的太阳外层行星时，太阳光极其微弱，只有地球上太阳光的 1% 或更低，已经没有可能用太阳能电池。同位素核电源的寿命很长，可使用几十年。

迄今发射的所有深空探测飞船中，"旅行者 2"号是最新的一种型号。飞船上装备计算机指挥系统、飞行数据处理系统和飞船姿态控制系统等 3 套全自动控制系统，不用地面无线电遥控，能完全独立自主地完成对各外行星的探测任务。为什么不用地面遥控？因为外层行星都十分遥远，无线电遥控指令从地球到行星近旁的飞船，行程要花费数小时，遥控指令难以按时进行。

处在遥远深空的探测飞船是如何将探测到的行星信息送回地球的？飞行数据处理系统将探测到的各种行星数据，包括由电视摄像机系统拍摄的行星图像，进行综合处理后，经发射机通过 3.7 米的抛物面天线用无线电波发往地球。带着行星信息的无线电波以每秒 30 万千米的速度穿越浩瀚的宇宙深空，奔向地球。如果飞船此时处在天王星附近，无线电波要经历 2 小时 45 分钟才能到达地球；如果飞船处在海王星附近，则无线电波要经历 4 小时 10 分钟方能抵达地球，而且电波已十分微弱。为了能接收这种微弱电波，地面深空通信网应具有非常高的灵敏度，通常需要有两座直径为 64 米的最大而又最灵敏的大型抛物面天线的深空接收站联网接收信息，把听力提高 1 倍。由于太阳系外层行星遥远，它们的角度都很小，例如天王星的角度为 4.1 弧秒，海王星为 2.1 弧秒，天线波束指向应十分精确地对准它们。深空接收站将收到的信息直接送入计算机中进行处理，如果是行星的图像，经处理后便恢复成原来模样。

深空探测是一项极其复杂而艰巨的工作，其特点是耗资大、周期长。虽然如此，由于航天电子学、自动控制和智能技术的高度发展，又由于计算机信息处理，特别是图像处理技术的完备功能以及深空通信的卓越效能，使得人类有可能利用像"旅行者2"号这样的探测飞船飞临遥远的太阳系的行星身旁就近考察，进行电视摄像和各种科学探测，犹如科学家们身临其境，从而把几千年以来从目测到地面观测宇宙的眼界大大地扩展了，使得科学家们有可能去探索生命的起源，太阳的起源和演变过程；去观测行星及其卫星的地质结构、表面形状、周围环境、生命存在的可能性等秘密。

深空探测的成功和收获，证明当今航天科技、空间科学的飞跃式发展，为人类征服自然，探索深空空间开创了广阔道路。无限的宇宙空间正等待着我们这一代青年去探索，去开发。

"起源"号太阳探测器

2001年8月8日，重达1400磅的宇宙飞船"起源"号太阳探测器从佛罗里达州卡纳维拉尔角搭载德尔塔火箭升空，开始为期3年行程3200万千米的往返太空之旅。经过3个月的航行，该探测器首先到达离地球数百英里的服务站。在那儿"起源"号将会用2年的时间来跟踪行星及太阳系内的残余物。它们最初形成于46亿年前而后形成太阳、行星、月球等等。

"起源"号原本定于2001年7月30日发射，但因为与探测器上一对电力转换器相同的设备在法国未能通过防辐射检测，负责制造"起源"号的洛克希德—马丁公司便在随后的2天中检测另外5个相同设备，最后确认"起源"号上的电力转换器能

"起源"号太阳探测器示意图

够在 3 年的飞行中抵挡太阳耀斑等辐射。但此后天气状况一直不佳，致使发射被一再推迟。

事实上，"起源"号是个全球定位环境和地球科学信息系统，它将旅行 160 万千米，到达离太阳 1.48 亿千米的地方，然后绕太阳运行 2.5 年，采集被太阳风甩出的原子等微观粒子，以备为科学家提供太阳系起源的线索。

美国宇航局的科学家们还希望能用"起源"号收集到没有被污染的数据以便对太阳和太阳系内其他星云及行星与其他太阳系进行准确的对比。我们不想看到任何被地球及地球环境所玷污了的东西。

如果一切依计划进行，那么"起源"号将在 2004 年初丢弃其样本存储太空舱，并于 2004 年 9 月重返大气层。随着引力增大，它离地面越来越近，然后降落伞会被打开，它将缓慢降下并被直升飞机伸出的钩子拖住悬在空中。这项复杂的救助行动是为了避免样本受到土地的影响。

但遗憾的是，在 2004 年 9 月 8 日这个追逐太阳风 3 年，行程达 3200 万千米的返回舱由于降落伞未打开，以时速 311 千米的速度一头栽进了沙漠中，剧烈的碰撞使返回舱摔成了碎片，估计里面的精密仪器也难以幸存。

有趣的是，承担这次"拦截"起源号标本行动的驾驶员包括 1 名前军方飞行员、1 名现役空军试飞员和 2 名好莱坞职业特技飞行员——丹·德鲁特和克里夫。这 2 名好莱坞特技演员曾在《蝙蝠侠》等大片中做过空中特技，在接到邀请后，2 位特技明星既兴奋又紧张，虽然驾驶直升机在半空中钩物对他们来说并不陌生，但这毕竟是一次最真实的特技实践，只能成功不能失败。

特技飞行员使用的直升机下端安装了一个约 6 米长的吊杆，吊杆的最下端是一个巨大的铁钩，而吊杆的另一端则是直升机中的一个大型缆绳绞盘。当直升机飞到带着降落伞的返回舱附近时，铁钩将迅速而牢固地钩住降落伞及其绳索，然后连接在铁钩吊杆上的缆绳绞盘将快速转动，让绳子随着太空舱的下降而被拉出，起到减速作用。最后直升机将带着返回舱以最慢的速度抵达地面。

为了确保成功，美国宇航局让 2 架直升机在犹他州实验和训练区进行了 17 次空中演练，每次演练，直升机飞行员在空中都成功截住了返回舱的模拟试验品。没想到最终因为真的返回舱降落伞没打开而前功尽弃。

美国宇航局计划成立一个事故委员会调查"起源"号返回失败的原因。初步分析发现，由于电池失效，用来启动返回舱降落伞的火工品没有按正常程序起爆。这个返回舱是美国洛克希德—马丁公司设计制造的。该公司的一名工程师认为，2001年返回舱发射升空后不久就发现有一块电池变得过热，这可能是此次事故发生的原因。

◆━━▶ **知识点**

磁强计

磁强计是矢量型磁敏感器，用于测定地磁场的大小与方向，即测定航天器所在处地磁场强度矢量在本体系中的分量。是测量磁感应强度的仪器，根据小磁针在磁场作用下能产生偏转或振动的原理制成。而从电磁感应定律可以推出，对于给定的电阻 R 的闭合回路来说，只要测出流过此回路的电荷 q，就可以知道此回路内磁通量的变化。这也就是磁强计的设计原理，其用途之一是用来探测地磁场的变化。

首个双行星探测器"水手10"号

"水手10"号是人类设计的首个执行双行星探测任务的飞行器，与此同时，也是第一个装备图像系统的探测器，它的设计目标是飞越水星和金星两大行星。

1973年11月3日，它在美国发射升空。资料表明，"水手10"号重503千克，该探测器装备有紫外线分光仪、磁力计、粒子计数器、电视摄像机等仪器。

1974年2月5日，"水手10"

"水手10"号探测器

号从距金星 5760 千米的地方飞过，拍摄了几千张金星云层的照片。然后它继续朝水星前进。

1974 年 3 月 29 日，"水手 10"号从离水星表面 700 千米（435 英里）的地方通过，然后进入了周期为 176 天的公转轨道，并开始环绕太阳运行，而其周期正好是 2 个水星年，这使它每次回到水星时都是在以前的同一地点，因为"水手 10"号每绕太阳 1 圈，水星正好绕 2 圈。

1974 年 9 月 21 日，"水手 10"号第二次经过水星；1975 年 3 月 6 日，它第三次从水星上空 330 千米（203 英里）处经过。此时，"水手 10"号耗尽了使它保持稳定位置的气体，因此无法再对这颗行星作进一步研究了。不过这 3 次近距离观测已拍摄到了超过 1 万张图片，涵盖了水星表面积的 57%。

作为"水手 10"号的一个重大发现是，在飞掠金星时，该探测器在金星上发现云系循环的证据与非常微弱的磁场。

数据资料显示，"水手 10"号总共飞掠过水星 3 次，由于轨道的相对位置（太空船的轨道周期几乎是水星的 2 倍），使得每次探测的都是面对着水星的同面，所以只探测到水星表面约 40% ~ 45% 的地区。尽管如此，"水手 10"号所传回的资料仍然非常重要的，也是迄今天文学家了解水星的主要来源，因为现在无法用望远镜直接观测水星的表面。

除此之外，"水手 10"号还发现水星拥有稀薄的大气层，主要是由氢所组成，另外也发现水星拥有磁场与巨大的铁质核心。辐射计显示水星的夜晚气温大约是 -183℃（-297℉），而白天温度可达 187℃（369℉）。

"尤利西斯"号太阳探测器

1990 年 10 月 6 日，美国"发现"号航天飞机将"尤利西斯"号太阳探测器送入太空，把对太阳的探测活动推向一个新的阶段。

该探测器重 385 千克，靠钚核反应堆提供工作能量，共装有 9 台科学仪器，其任务主要是探测太阳两极及其巨大的磁场、宇宙射线、宇宙尘埃、γ射线、X 射线、太阳风等。

1994 年 8 月，该探测器飞抵太阳南极区域并绕太阳运转，在横跨太阳赤

"发现"号航天飞机示意图

道后到达太阳北极。它绕太阳飞行的轨道呈圆形，离太阳最远时为 8 亿千米，最近时为 1.93 亿千米。"尤利西斯"号绕太阳飞行时，可以对太阳表面一览无余，能够全方位地观测太阳。迄今为止，人类对太阳的探测仅局限在太阳赤道附近区域，对太阳的其他区域特别是两极的情况了解得很少。因此，"尤利西斯"号的探测成果将具有重大价值。科学家称"尤利西斯"号的飞行探测是 20 世纪末一次重要的宇航活动。

该"尤利西斯"号探测器是由美国航空航天局与欧洲空间局合作建造、发射并运行的。数据资料显示，"尤利西斯"号共服役 18 年，而它的设计服役期限仅为 5 年，超期服役近 13 年。

美、欧航天指挥人员在数月前发现，"尤利西斯"号上放射性同位素热电式发电机的钚燃料能量逐渐减弱，发电机难以提供足够热量暖化联氨燃料。随着联氨燃料渐渐冻结，"尤利西斯"号将无法操纵，再也无法传回数据，只能永远绕着太阳运转，实际上被"冻死"在外太空。

"尤利西斯"号探测器

太阳是"尤利西斯"号的探索目标，它最重大的发现全都与太阳有关，使人类对太阳的认识上升到一个新高度。

事实上，通过研究"尤利西斯"号发回的数据，研究人员大大扩展了对由带电粒子组成的太阳风的认识。研究人员发现，太阳发出的太阳风有快慢之分，不同纬度上太阳风的速度不同。而最为显著的是，南半球高纬度上太阳风速度大约为 750 千米/秒，而南半球接近赤道部分太阳风的速度大约为 400 千米/秒。

除此之外，"尤利西斯"还为研究人员提供了大量关于太阳磁场以及太阳表面活动情况的新信息。它对宇宙射线的探测也为人类提供了不少新知识与新课题。

值得一提的是，在飞经木星附近时，"尤利西斯"号还 6 次探测到了源于木星或木星周围卫星以 28 天为周期的尘埃爆发。它还意外地于 2000 年和 2007 年分别经过百武彗星和麦克诺特彗星的彗尾，催生不少惊人发现，例如百武彗星的离子彗尾长度超过 5 亿千米，是迄今发现的最长彗尾。

在 2008 年 6 月，"尤利西斯"号太阳探测器 17 年的太空探险走到了最后的时刻。有关专家曾打比方说，如果把"尤利西斯"号比作一个预期寿命为 70 岁的人，那么它现在已经是 245 岁"高龄"了。

"尤利西斯"号是人类成功发射的第一个黄道外太阳探测器。地球等太阳系行星和大部分探测器都是在位于太阳中部的黄道平面内运行，而"尤利西斯"号的运行轨道差不多和黄道平面垂直，这使科学家可以近距离观察太阳两极地区。

要使探测飞船离开黄道面，实现起来并不是那样容易，它必须具备很高的速度。20 世纪 70 年代，引力支援技术得到充分发展之后，把探测飞船送出黄道面才有了可能；同时也决定了它必须在太空沿着弧形线路，先飞向木星并借助木星的强大引力支援再飞向太阳。

美国发射的"先驱者 11"号和"旅行者 1"号，曾分别在 1979 年和 1980 年受到土星引力影响而偏了轨道，偏离黄道面分别达到 17°和 40°，但对于要有效观测太阳南、北两极的"尤利西斯"探测飞船来说，这种偏转还远远不够，这里要求作 90°的方向改变，才能满足要求。因此，科学家精心设计并安排了"尤利西斯"独特的飞行路线：1990 年 10 月发现号航天飞机将"尤利西斯"送入飞向木星的弧形轨道，速度为 15.4 千米/秒，加上地球运行速度，相对太阳来说，其速度是 45.2 千米/秒，大约飞行 16 个月，也即在 1992 年 2 月抵达木星区域。这时离地球约 6.69 亿千米，距离木星 1060 万千米。为了使探测飞船充分利用木星的强大引力作用，获得速度支援并把轨道航向偏转 90°，同时避免离木星太近而被它俘获，经过科学家精确计算，"尤利西斯"于 2 月 8 日先飞入距离木星表面 37.8 万千米的最低轨道，并用 17 天时间探测木星的磁场以及木星表面的等离子体、无线电波和 X 射线。此后，"尤利西斯"号将借助木星强磁场的作用，偏转航线，脱离由太阳系行星绕太阳运转构成的轨道平面，即进入垂直于黄道面的轨道面内飞行，成为经过两极地区飞行的太阳人造行星，这时它相对太阳的速度已达 126 千米/秒。

"尤利西斯"将在过去任何探测飞船从未到过的这部分太阳系空间里进行探测并遨游 2 年多时间，于 1994 年 5 月 25 日到达太阳南纬 70°上空，用大约 4 个月时间飞越太阳南极区域并对该极区进行首次三维立体观测。1995 年 2 月初，"尤利西斯"由南而北，于离太阳 2.2 亿千米处跨越太阳赤道，在同年 5 月 26 日，飞抵太阳北纬 70°地区上空，也用 4 个月时间对太阳北极及其附近区域进行探测。1995 年 9 月，它从太阳北纬 70°地区上空飞离太阳北极区。这时，费时 5 年，结束对太阳极区的探测考察任务后，"尤利西斯"便进入广漠的行星际空间。

知识点

太阳黑子

太阳黑子是在太阳的光球层上发生的一种太阳活动，是太阳活动中最基本、最明显的。一般认为，太阳黑子实际上是太阳表面一种炽热气体的巨大漩涡，温度大约为 4500 摄氏度。因为其温度比太阳的光球层表面温度要低 1000~2000 摄氏度（光球层表面温度约为 6000 摄氏度），所以看上去像一些深暗色的斑点。太阳黑子很少单独活动，通常是成群出现。黑子的活动周期为 11.2 年，活跃时会对地球的磁场产生影响，主要是使地球南北极和赤道的大气环流作经向流动，从而造成天气恶劣，使气候转冷。严重时会对各类电子产品和电器造成损害。

小行星探测器

"尼尔—苏梅克"号探测器

2001年2月13日，美国的"尼尔—苏梅克"号探测器成功着陆在距地球3.15亿千米之遥的爱神小行星上，实现了人类探测器第一次在小行星上着陆的壮举。

为了研究近地小行星，20世纪90年代，美国开始实施"近地漫游小行星考察计划"。资料表明，该计划是美国历史上首次不以美国宇航局为核心的深空探测计划，牵头的是美国约翰-霍普金斯大学应用物理研究所。该计划的核心是向距离地球3.15亿千米的爱神小行星发射"尼尔"号探测器。

资料显示，"尼尔"号探测器外表看起来就像是一个小铁盒，体积仅相当于一辆紧凑型的小轿车。1996年2月17日，美国将之发射升空，待进入预定轨道后，该探测器先是绕地球1周以获得足够的加速度，然后向预定的目标爱神小行星飞去。

按照原计划，"尼尔"号本来应于1999年1月10日到达爱神星。但是在即将进入爱神星的轨道之前，由于发动机的故障而与之失之交臂，探测器掠过了爱神星，结果只是传回了部分照片。

"尼尔"号探测器

1999年2月14日，"尼尔"号在这一天进入了绕爱神星的轨道，成为人类有史以来第一个绕小行星飞行的探测器，同时也使得爱神星成为太阳系里继地球、月球、太阳、火星、金星和木星之后，第7个拥有人造卫星绕其运行的自然天体。

"尼尔"号在围绕爱神星运转的1年时间里，探测器上的照相机、激光测距仪和无线电科学仪器都在紧张地工作着，从而确定了爱神星的大小、质量和密度，并向地球传回了 16 万幅有关爱神星的照片。

值得一提的是，"尼尔"号不仅是第一个成功绕小行星运行的探测器，同时还是第一个在距离太阳如此遥远的地方却靠太阳能运行的探测器。这一切都归功于其所携带的各种高精度仪器仪表：顶部是一个碟形天线，四周围绕着太阳能发电板。

"尼尔"号探测器在围绕爱神星的轨道上运行 1 个月后，美国宇航局将其名字改为了"尼尔—苏梅克"号，以纪念传奇的行星科学家苏梅克。苏梅克对于行星科学的贡献源自 20 世纪 50 年代，当他还是学生时，当时大多数科学家认为陨石坑是由于火山活动引起的，他却提出是由于外来物体撞击形成的观点。以后他又与妻子一起对多颗小行星和接近地球的彗星进行了定位和跟踪。1993 年，苏梅克夫妇在帕洛玛天文台进行观测活动时，与业余天文学家列维一起观察到了后来被命名为苏梅克—列维 9 号的彗星。

按照计划，如果一切顺利的话，"尼尔—苏梅克"号将以每小时 4～14 千米的速度掠过爱神星，并在小行星的表面着陆。该降落速度相当于第二次世界大战期间降落伞着陆的速度，加上爱神星的重力远比地球小，所以探测器可以分毫不损。

在该探测器着陆的过程中，安装在其侧面的一台照相机将不停地拍下人类历史上最清晰的小行星照片，并且同步传回地球。如果在小行星表面着陆时分毫未损、蹦跳几下而探测器上的天线又正巧对准地球的话，那么它肯定还能继续发回小行星的照片，并且将持续数月。而这些照片将同步公布在网站上，让全世界的人们共享近看小行星真面目的兴奋时刻。

当然，由于这次着陆是人类对探测器进行的有史以来最远距离的遥控，所以一旦失败也是意料之中的事。而这项计划在实施过程中也确实遭遇到了严峻的挑战，那就是"尼尔—苏梅克"号推进器的减速系统发生了故障，"尼尔—苏梅克"号在接近爱神星时仍在高速飞行。按照科学家们的分析，如果探测器在爱神星上着陆的速度超过飞行员跳伞着陆时的每小时 8 千米，"尼尔—苏梅克"号将粉身碎骨。

然而，科学家们担心的情况最终没有发生。2 月 13 日，经过 2 次火箭点火之后，"尼尔—苏梅克"号终于平稳地降落在爱神星的表面，着陆的速度是每小时 5 千米。

"尼尔—苏梅克"号虽然在着陆时其最好的天线没有对准地球，使得资料的传输速度比最佳状况降低了许多，但是太阳能板却很幸运地对准了太阳，因此动力充足。"尼尔—苏梅克"号侧面的分光探测仪器距离爱神星的地表只有数厘米的距离，这对于资料的分析和收集大有益处。

"尼尔—苏梅克"号着陆后又继续工作了 10 天，发回的大量照片和数据改变了人们对爱神星的认识。科学家们原先认为爱神星是许多冰砾和岩石在重力的作用下构成的松散结合物，但实际上它是一整块巨岩，表面布满了碎石，而且从没有溶化过，也就是说没有被压缩过。这意味着爱神星不是某个早已死去的行星的残片，而是从太阳系早期就一直在游荡，几乎没有发生大的变化。

"黎明"号小行星探测器

2007 年 9 月 27 日早 7 时 34 分（北京时间 19 时 34 分），美国航空航天局（NASA）的"黎明"号探测器从佛罗里达州肯尼迪航天中心由一枚德尔塔 2 型火箭运载顺利升空，开始了它长达 8 年近 50 亿千米的星际探索之旅。科学家预计"黎明"号将于 2011 年首先探测小行星灶神星，进行 6 个月的观测后

"黎明"号探测器示意图

离开，再于 2015 年赶到谷神星继续观测，整个太空旅行的距离长达 48 亿千米。灶神星和谷神星是火星和木星之间小行星带里个头最大的成员，科学家希望通过观测研究这两个天体，能够揭开太阳系诞生的线索。

"黎明"号计划是第一个探测这个重要区域的人类探测器，也是世界上第一个先后环绕两个天体的无人探测器。此前也曾有航天器飞经体积较小的小

行星，并绕其轨道飞行甚至在小行星上降落。专家指出，预计在将来还会有更多探测小行星的航天计划。但是，过去从未出现过同一航天器先后环绕两个天体飞行的情况。

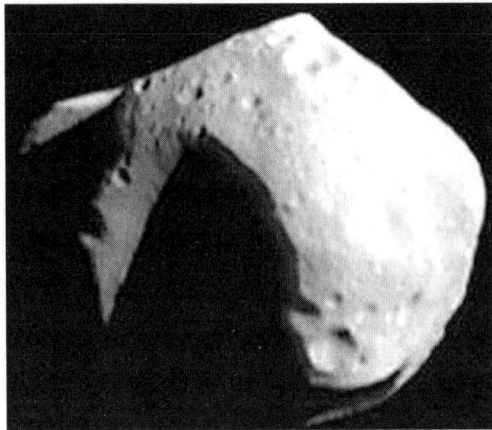

灶神星示意图

该探测器配置有摄像机、红外分光计、伽马射线和中子探测仪，此外还装有 2 个巨大的太阳能板，双翼间距近 20 米，为它提供穿越太空的能量。

科学家认为，探测灶神星和谷神星将有助于了解太阳系的起源，因此将这个项目取名为"黎明"。虽然根据 2006 年 8 月国际天文学联合会提出的新定义，谷神星已经从小行星升格为矮行星，但美国宇航局没有改口，仍称"黎明"号为小行星探测器。该计划耗资 3.57 亿美元，其中并不包括德尔塔 2 型火箭的造价。

"黎明"号的发射可谓几经周折，在 15 年间该计划曾经有过两次因资金不足而被取消的经历，此次升空也比原计划整整推迟了 2 年。

资料显示，"黎明"号于 2001 年正式立项，2007 年 3 月由于"经费超支以及技术问题"，美国宇航局下令取消了这项探测计划，"腾出资金进行重返月球乃至登上火星等载人探测项目"。但一些专家不忍"黎明"号就此夭折，经多方游说后宇航局在不到 1 个月时间内又同意恢复。

科学家指出，之所以选择灶神星和谷神星进行探测，不仅仅是因为它们个头较大，而且还因为它们与小行星带里的其他天体存在显著差别。灶神星和谷神星都形成于 45 亿年前。据估计，它们都形成于太阳系早期，并且由于木星的强大引力作用而演化迟缓。研究人员希望比对观测这两个天体的演化过程。

据"黎明"号探测器项目首席科学家鲁塞尔介绍，灶神星是与地球类似的岩状天体，也是太阳系中距太阳较近的天体。而谷神星则是典型的冰态天体，这类天体主要位于距太阳较远的轨道上。鲁塞尔说："这两个极不相同的天体竟然可以位于同一个小行星带中，这是'黎明'号需要揭示的奥秘之一。"另外，利用"黎明"号上的同一套科学仪器探测2个不同目标，能便于科学家将2套探测数据进行准确

谷神星示意图

的对比分析，并根据它环绕灶神星和谷神星的运行轨道数据，对比测算这两个天体的引力场等参数。

知识点

塞德娜

小行星90377（塞德娜）（2003 VB12，90377 Sedna）是位于柯伊伯带和奥尔特云之间的一颗小行星。是由加州理工学院的迈克·布朗、双子天文台的查迪·吉尔和耶鲁大学的戴维·罗伯威特于2003年11月14日发现的，命名为塞德娜。

天文学家们提议将这个天体取名为"塞德娜"。在因纽特人传说中，塞德娜是创造北极海洋生物的造物女神，生活在海底冰窟里面。由于距离太阳极其遥远，新观测到的天体所处区域阳光少得可怜，据估计温度从来不超过零下240摄氏度，是太阳系中已知最为寒冷的所在。

"先驱者11"号

1973年4月6日，"先驱者11"号空间探测器在美国佛罗里达州的卡纳

维拉尔角发射成功。

该探测器全长为 2.9 米，设有一条直径 2.74 米的高增益天线，在其之前再装上一条中增益天线。至于另外一条全方位低增益天线则装设于高增益天线接收器之下。探测器以 2 块放射性同位素热电产生器（RTG）作为能源，在拜访木星时仍能产生 144 瓦特的功率。但到达土星时只能产生 100 瓦特的功率。此外，探测器上还设有 3 个感应器：恒星（老人星）感应器及 2 个太阳感应器，借以根据相对于地球及太阳的位置，及以老人星的位置作后备，用以计算探测器的位置。而

"先驱者 11"号空间探测器示意图

"先驱者 11"号的恒星感应器及起点设定，则是按"先驱者 10"号的经验而被重新修改的。探测器上装有 3 对火箭推进器，主要负责控制转轴及为探制器提供动力。3 对火箭推进器都可以按指令持续燃点，或暂停燃点亦可。

该探测器上的仪器主要负责研究星际间及行星的磁场太阳风、宇宙射线、太阳圈的转变区域、大量存在的中性氢；星尘粒子的分布、大小、质量、通量及速度；外太阳系行星极光、电波、其卫星的大气层；以及木星与土星及其卫星的表面等等。而以上的研究则主要是由探测器上的磁力计、等离子分析器（太阳风专用）、粒子传感器、离子传感器、一具可以重叠不同视点来探测由经过的陨石折射而来的阳光的非影像望远镜、一些已密封并加压的氩气及氮气——用以计算陨石的渗透、测紫外光计、测红外光计及一具影像光偏计——用以拍摄照片及计算光偏振等等。至于进一步的数据则从天体力学及掩星法现象去计算出来。

"先驱者 11"号空间探测器是美国宇航局发射的第二个用来研究木星和外太阳系的空间探测器。与此同时，它也是第一个去研究土星及其光环的探测器。与"先驱者 10"号不同的是，"先驱者 11"号（也称作"先驱者 G"

号）不仅拜访木星，还探访了土星的几颗卫星。首先遇到"土卫9"，但相距较远，测量了这颗不规则的小卫星；接着，便遇上"土卫8"，在约100万千米的距离上测量了它的光度；事实上，在飞越土星环前，便在67万千米的范围内对"土卫7"进行了紫外线测量；在距土卫430万千米处测量了其光度。到达近土点时，遇上了"土卫1"，但遗憾的是，只顾探测土星本体，无暇探测"土卫1"；与土星本体会合后，又从"土卫3"、"土卫2"和"土卫5"近旁掠过，对它们进行了可见光和紫外线观测。最后飞近"土卫6"，向地面发回了距"土卫6"35万千米处拍下的5张高分辨率照片。此外，这次"先驱者11"号还发现了"土卫11"和"土卫12"两颗新卫星。

知识点

天文单位

天文单位，英文：Astronomical Unit，简写 AU。是一个长度的单位，约等于地球跟太阳的平均距离。天文常数之一。天文学中测量距离，特别是测量太阳系内天体之间的距离的基本单位，地球到太阳的平均距离为一个天文单位。一天文单位约等于 1.496 亿千米。1976 年，国际天文学联会把一天文单位定义为一颗质量可忽略、公转轨道不受干扰而且公转周期为 365.2568983 日（即一高斯年）的粒子与一个质量相等约一个太阳的物体的距离。当前被接受的天文单位是 149597870691±30 米（约一亿五千万千米或 9300 万英里）。

"卡西尼"号土星探测器

1997 年 10 月 15 日，20 世纪最大、最先进的行星际探测器"卡西尼"号在美国肯尼迪航天中心由"大力神 4B"火箭发射升空。

与前期土星探测器最显著的不同是，"卡西尼"号将首次进入环土星运转的轨道，对土星的大气、磁场、光环和卫星进行长期观测。此举不仅将为科学家们创造全面、系统地了解和认识土星的条件，还将为人类提供一个探究

"卡西尼"号土星探测器

太阳系诞生和地球生命起源条件的难得机会。

资料表明，"卡西尼"号探测器由轨道器和"惠更斯"号子探测器组成。待到达土星轨道一段时间后，"惠更斯"号子探测器将从"卡西尼"号探测器中分离出去，降落在"土卫6"表面进行探测。而剩下的轨道器则会在绕土星飞行60圈的过程中，将探测土星的卫星。

"惠更斯"号子探测器是一个直径为2.7米的碟状体，质量为343千克，它将利用降落伞在"土卫6"表面着陆。在2.5小时的降落过程中，"惠更斯"号将用所带仪器分析"土卫6"的大气成分、测量风速和探测大气层内的悬浮粒子，并在着陆后维持工作状态1小时。它所搜集到的数据及拍摄的照片将通过轨道器传送回地球。

"卡西尼"号轨道器上共载有4台光学遥感器、2台无线电遥感器、5台原位测量仪和1台遥控/原位粒子测量仪。它们将各显其能，对土星特别是土星光环进行"会诊"。科学家们希望"卡西尼"号此次对土星光环长

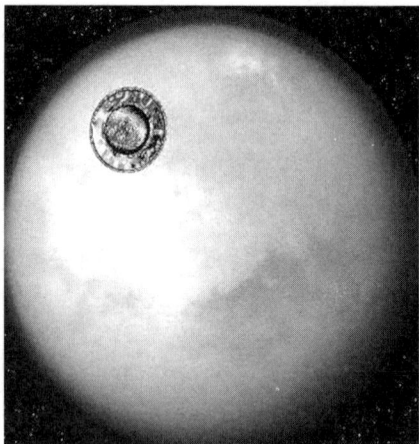

"惠更斯"号子探测器示意图

时间、近距离的探测能回答光环物质的来源问题，确定其是来自土星诞生时的遗留物，还是土星卫星与彗星或陨石相撞后产生的碎片，并弄清光环形成的原因和演变史。

为了尽可能减轻负荷，"卡西尼"号采用了复杂的借力入轨技术，巧妙地

利用金星、地球和木星对其巨大的引力作用来实现最终进入土星轨道的目的。这样做可节省燃料 77 吨，从而大大延长飞行时间。

资料显示，在引力作用下，"卡西尼"号曾 2 次掠过金星，并于 1999 年 8 月从 900 千米的上空掠过地球。2000 年 12 月，当它飞越木星时，探测器上的窄角相机准确拍下了木星的照片。

2004 年 7 月，"卡西尼"号探测器到达土星轨道，在那里一直工作到 2008 年。当对土星及其卫星进行深入考察后，燃料耗尽的"卡西尼"号将同它携带的一张有 81 个国家 60 万人签名的光盘一同坠入土星或土星的卫星，送去地球人对外星生命的呼唤和殷殷思念。

"先驱者 10" 号

"先驱者 10"号宇宙探测飞船对人类来说是一个神秘的航天器，因为美国一直没有向公众透露它的行踪，直到 1992 年 3 月 2 日，正值飞船发射升空 20 周年纪念日之际，美国才发布了关于它的公报。

1972 年，美国发射了这颗用放射性同位素热电发电机为动力的自动星际飞船，它是第一艘通过火星以外由众多岩石组成的小行星带的宇宙探测船。它在随后几年中又穿过土星、海王星和冥王星轨道，以 4.65 万千米的时速向太阳系边缘飞去。至 1991 年底已飞离地球 80.465 亿千米。即使用每秒 30 万千米速度的无线电信号传递到它的接收机也需要 7 个半小时。"先驱者"号的能量来自核燃料钚-239 放射性衰变过程中产生的热转换成的电能。每台发电机最初发电功率为 120 瓦，船上载有使用和备用的两台发电机。

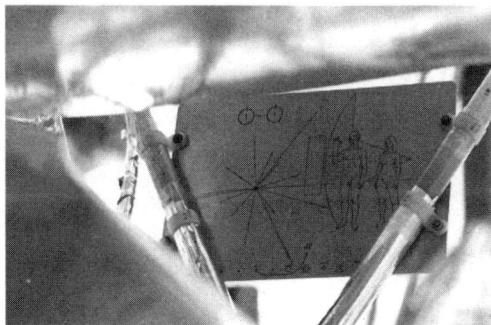

"先驱者 10"号所携带的人类文明标识板

资料显示，"先驱者"号探测器重约 260 千克，为六棱柱体，高 2.4 米，最大直径2.7米。它们携带10多种仪器，能执行多项观测任务。

1972年3月2日，"先驱者10"号空间探测器发射成功，同年7月进入小行星带，1973年2月安然无恙地通过了这个危险区域，径直向木星飞去，开始了对木星这颗太阳系内最大的行星的观测。越过木星周围的强辐射区后，这位重270千克的"使者"飞行了21个月，行程10亿千米，终于在1973年12月3日风尘仆仆地来到木星上空。它飞临木星时，沿木星赤道平面从木星右侧绕过，在距木星13万千米的地方穿过木星云层，拍摄了第一张木星照片。从它发回的资料来看，木星上奇异的大红斑是一个耸立在10千米高空的云团。这云团可能是一个强大的逆时针旋转的长寿命漩涡，也可能是一团激烈上升的气流。然后，"先驱者10"号被木星的巨大引力加速，终于克服了太阳引力场，成为第一艘逃离太阳系的宇宙飞船。

"先驱者"计划已于1997年3月31日正式终止，虽然美国方面仍不定时地与它进行联系。当它离开太阳系时，将把带有的一幅6×9英寸的金匾弹出至飞行器主框架。当然，"先驱者10"号仍然没有飞出奥尔特云。

值得一提的是，"先驱者10"号上携带了一块金属板，这块板指出了太阳和行星的分布状况、地球的位置，和一张男人、女人的草图，这是为了离开太阳系后万一遇上外星生物而准备的。

"新地平线"号探测器

"新地平线"号探测器示意图

"新地平线"号探测器是美国国家航空航天局的一项探测计划，其主要目的是对冥王星、冥卫等柯伊伯带天体进行考察。

"新地平线1"号原本定于2006年1月17日美国东岸时间下午1时24分，在美国佛罗里达州卡纳维拉尔角空军基地第41发射台发射，但因地面强风和负责该项目之霍金斯大学物理实验室的控制中心突然停电等原因，两度推迟升空。直至 1 月 19 日美国东岸时间下午 2 时 00 分，卡纳维拉尔角上空云层逐渐散去，气候条件适合发射，"新地平线 1"号才在比原定发射升空时间迟半小时后顺利点火，发射升空。45 分钟后脱离第三段火箭，离开地球引力，朝木星飞去。其航程将途经木星，借用木星引力加速，然后直奔冥王星。预计在 2015 年 7 月 14 日最为接近冥王星。

专家指出，如果"新地平线"号在第一发射窗口发射，在它飞往冥王星旅途的前 13 个月中，工作人员会对整个探测器及其所携带的仪器进行检查和调试，修正它的飞行轨道，并为接近木星做准备。此外，此次"新地平线"号将会探测到 2 个直径为 40 ~ 90 千米的柯伊伯带天体，确实目标尚未选定。预料探测船将在 2016 年进入柯伊伯带。

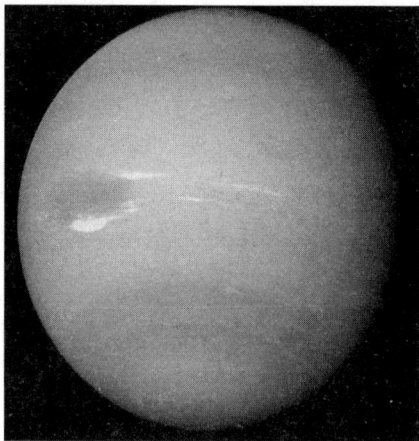

冥王星示意图

资料显示，"新地平线"号探测船的飞行路程为：首先由美国"擎天神 V551"型（Altas V551）火箭携带，在美国佛罗里达州卡纳维拉尔角的空军基地发射站发射，将之推出外太空，再由"半人马座"火箭送入绕地轨道，最后由"星 48B"型固体燃料火箭冲出地球引力，飞向冥王星。

"新地平线"号将成为人类有史以来最快速的人造飞行物体，它飞越月亮绕地球轨道不用 9 个小时，到达木星引力区只需 13 个月时间，相对 1960 年"阿波罗"登月任务相同航程要飞行 3 天时间，"伽利略"号飞抵木星亦需 4 年时间而言，"新地平线"号航速可谓十分惊人。